中国生物质能温室气体减排潜力与减排成本研究

常世彦 等 著

科 学 出 版 社

北 京

内 容 简 介

生物质能是重要的可再生能源，其开发利用在解决能源供需矛盾、应对气候变化和保护生态环境等方面可发挥重要作用。本书从生物质能温室气体减排的成本和效益视角，识别了生物质能全生命周期温室气体排放核算所涉及的关键因素，系统梳理了我国不同生物质能技术的全生命周期温室气体排放特征。在此基础上，结合生物质能温室气体减排成本分析，对生物质能温室气体减排潜力进行了评价。本书还进一步探讨了生物质能结合碳捕集与封存这一负排放技术的关键不确定性及在我国的应用潜力，以期对生物质能温室气体减排形成一个相对系统的认识。

本书可作为高等院校管理科学与工程和能源与环境系统工程等专业的阅读参考书，也可供科研院所及能源与环境管理部门从事可再生能源规划和政策制定的人员参考，同时还希望能够为社会各界开展"碳中和"相关研究提供参考。

图书在版编目（CIP）数据

中国生物质能温室气体减排潜力与减排成本研究 / 常世彦等著. -- 北京：科学出版社, 2025. 3. -- ISBN 978-7-03-081543-9

Ⅰ. X511

中国国家版本馆 CIP 数据核字第 2025ZM6904 号

责任编辑：徐　倩 / 责任校对：郝璐璐
责任印制：张　伟 / 封面设计：有道设计

科学出版社 出版
北京东黄城根北街 16 号
邮政编码：100717
http://www.sciencep.com
天津市新科印刷有限公司印刷
科学出版社发行　各地新华书店经销
*
2025 年 3 月第　一　版　开本：720 × 1000　1/16
2025 年 3 月第一次印刷　印张：8 1/4
字数：167 000
定价：102.00 元
（如有印装质量问题，我社负责调换）

前　言

　　生物质能是重要的可再生能源，其开发利用在解决能源供需矛盾、应对气候变化和保护生态环境等方面可发挥重要作用。发展生物质能，已成为许多国家推进能源转型、实现绿色低碳发展的重要手段，也是全球应对气候变化的重要措施。

　　碳达峰碳中和目标的提出，为我国生物质能技术和产业发展带来了重大机遇，也提出了更高要求。生物质能在实现我国碳达峰碳中和目标中能发挥多大的作用？应该采取哪些措施更好地激励生物质能技术和产业的发展？这是我们亟须回答的问题。

　　本书以生物质能温室气体（greenhouse gas，GHG）减排的成本和效益为视角，从微观和宏观两个层次开展了研究。在微观层面，识别了生物质能全生命周期 GHG 排放核算所涉及的关键因素，系统梳理了我国不同生物质能技术全生命周期 GHG 排放特征，并且开展了生物质能技术减排成本分析。在宏观层面，基于综合评估模型，从区域能源系统低碳转型的视角，分析了不同领域生物质能的潜在碳减排潜力。

　　生物质能 GHG 减排效益的发挥在很大程度上取决于其减排成本的高低。我国生物质能技术减排成本相对较高，这是当前制约我国生物质能发展的主要障碍。降低成本的途径有很多。例如，可以发挥规模经济效益，通过扩大生物质能开发利用规模，实现效率的提升和成本的降低；可以发挥范围经济效益，针对不同生物质能技术的特点，开发具有有效市场需求的副产品，以分摊生物质能产品的成本。更重要的是要强化生物质能外部减排效益的内部化，形成促进其价值实现的长效机制。而长效机制的构建，又需要建立一个透明统一的减排潜力核算和分析框架，以准确衡量生物质能 GHG 减排的外部效益。

　　生物质能 GHG 减排潜力的内涵很丰富。通常我们认为生物质能是零碳能源，其技术层面的减排潜力与它所替代的化石能源的排放潜力相当。但是，随着生物质能产业的发展与可持续管理的推进，人们意识到应该用更为严格的全生命周期的视角来评价生物质能的 GHG 排放。因此，从全生命周期的视角对生物质能技术层面的 GHG 减排特征进行分析就非常必要。同时，随着近年来生物质能结合碳捕集与封存（bioenergy with carbon capture and storage，BECCS）技术的研发示范，生物质能负排放潜力也越来越受到国际社会的广泛关注。以 BECCS 为代表的碳移除（carbon dioxide removal，CDR）技术，可以将生物质能源化利用过程中排放的 CO_2 进一步从大气中移除出去，从而实现负排放。BECCS 技术的这一负排放特征，可以为电力、工业、交通和建筑等部门的难减排（hard-to-abate）部分提供难能可贵的减排空间。因此，对生物质能碳减排潜力需要有一个系统全面的认识。本书将尝试从零排放到全生命周期排放，再到负排放多个视角，构建一个相对完整的生物质能减排潜力分析框架。

　　本书系统梳理了作者近几年在生物质能 GHG 减排潜力与减排成本研究方面的成果，以期求教于同行，并期望为探索我国生物质能可持续发展之路做出一点贡献。本书由常世彦策划并统稿，包含了常世彦、张希良、郑丁乾、付萌、马思宁、黄晓丹和赵丽丽等的相关研究成果，杨伊然、张天琦、童源、郭雨佳、贾松绮、张凯华、陈德行等参与了书稿校对，在此一并感谢。作者还要对科学出版社的支持和徐倩编辑、魏祎编辑的悉心审查由衷地表示感谢。

　　本书受到国家自然科学基金（71203119、72140004、71673165）和国家重点研发计划（2017YFF02119033）的联合资助，特此致谢。

　　由于研究条件和作者能力所限，书中不足之处在所难免，敬请同行专家和读者指正。

目　　录

第1章 生物质能发展现状与趋势

1.1 全球生物质能发展现状

生物质能是太阳能以化学能形式贮存在生物质中的能量形式，是以生物质为载体的能量。它直接或间接地来源于绿色植物的光合作用，可转化为常规的固态、液态和气态能源［《生物质术语》（GB/T 30366—2024）］。人类对生物质能的利用历史非常悠久。传统利用方式是直接燃烧木材、废弃物和传统木炭等，这种利用方式持续伴随着我们人类社会的发展（图 1-1）。到 2023 年，全球传统生物质能利用量约为 11 111 TW·h（约合 13.6 亿 tce），占一次能源消费总量的 6%。传统生物质能利用主要集中在建筑部门，很多国家居民的取暖、炊事仍然要依靠直接燃烧木材和秸秆等生物质资源。

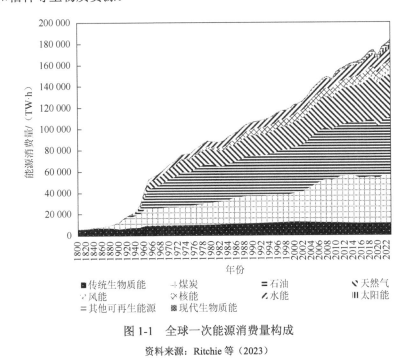

图 1-1 全球一次能源消费量构成

资料来源：Ritchie 等（2023）

现代生物质能利用方式是指通过相对先进的技术对生物质资源进行加工转换后利用，包括利用农林剩余物资源来发电或规模化供热，以玉米、甘蔗和其他能源植物作为原料生产液体燃料，通过厌氧发酵生产沼气，进而提纯为生物天然气等。现代生物质能可以是固态、液态或气态燃料，在工业、建筑和交通部门都能找到具体的应用场景。根据 21 世纪可再生能源政策网络（REN21，2022）的统计，2020 年现代生物质能在终端能源消费总量中占比约为 5.6%，其中，工业部门供热的应用比例最高，约占终端能源消费总量的 2.7%，建筑部门供热为 1.3%，交通部门为 1.0%，电力部门为 0.5%（图 1-2）。

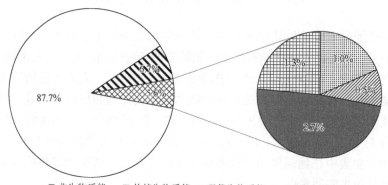

图 1-2　2020 年全球生物质能在终端能源消费总量中的占比

资料来源：REN21（2022）

本图数据经过四舍五入，存在运算不等的情况

　　从具体部门来看，现代生物质能利用主要集中在工业部门供热领域和建筑部门供热领域，在两个领域的消费占比分别为 10% 和 5.2%（图 1-3）。工业部门的生物质

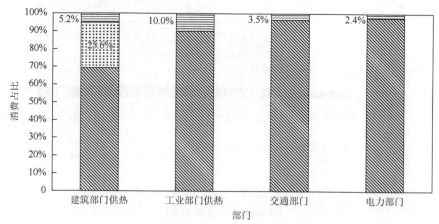

图 1-3　2020 年生物质能在各部门终端能源消费量的比例

资料来源：REN21（2022）

能利用主要集中在造纸、食品加工和木制品等行业，所使用的生物质原料主要来自工业生产过程本身产生的生物质废弃物和剩余物。建筑部门的现代生物质能利用主要为区域供热。瑞典、德国、丹麦、芬兰和法国都是生物质区域供热的主要利用国。

全球交通部门消费的能源中约 3.5%来自生物质能（主要是以燃料乙醇和生物柴油为代表的液体燃料）。2020 年全球生物液体燃料的消费量为 3.8 EJ（约 1520 亿 L）。生物液体燃料产量最大的国家是美国，约占全球总产量的 36%（按热值），其次是巴西（26%）、印度尼西亚（7%）、德国（3.4%）和中国（3%）。全球生产的生物液体燃料中，61%（按热值）为燃料乙醇，33%为转酯化生物柴油，剩余为加氢生物柴油（hydrotreated vegetable oil，HVO）和少量先进生物燃料。燃料乙醇的原料以玉米和甘蔗为主，2020 年产量约为 1050 亿 L。美国和巴西两个国家的产量合计占全球总产量的 83%。2020 年全球生物柴油产量为 468 亿 L，其产地分布比燃料乙醇要更具多样性。全球最大的生物柴油生产国是印度尼西亚，占全球比例为 17%，其次是美国（14.4%）和巴西（13.7%）。

全球电力部门消费的燃料中约 2%来自生物质。生物质发电装机容量在 2020 年达到约 145 GW。同期，生物质发电量为 602 TWh。2020 年，全球生物质发电规模最大的国家是中国，其次是美国。

1.2　中国生物质能发展现状

我国生物质能利用形式多样，目前以生物质发电、生物质成型燃料、生物液体燃料和生物天然气为主。根据水电水利规划设计总院（2024）的统计，2023 年我国生物质能开发利用量约 8038 万 tce。其中，生物质发电利用量约 5940 万 tce，占比 73.9%；生物天然气利用量约 46 万 tce，占比 0.6%；生物质成型燃料约 1300 万 tce，占比 16.2%；生物液体燃料约 752 万 tce，占比约 9.4%。

我国生物质发电发展趋势良好，2023 年，累计并网装机容量为 4414 万 kW（图 1-4），年发电量达 1980 亿 kW·h。其中，农林生物质发电累计并网装机容量为 1688 万 kW，年发电量为 550 亿 kW·h；生活垃圾焚烧发电累计并网装机容量为 2577 万 kW，年发电量为 1394 亿 kW·h；沼气发电累计并网装机容量为 149 万 kW，年发电量为 36 亿 kW·h。生活垃圾焚烧发电是近几年生物质发电的主要增长点，其装机容量在 2017 年已超过农林生物质发电（中国产业发展促进会生物质能产业分会，2020）。

相比生物质发电，生物质非电利用整体规模相对较小，但近几年增长迅速。2023 年底，全国生物天然气累计年产气规模为 4.2 亿 m^3，同比增长 68%；生物质成型燃料年产量为 2600 万 t，同比增长 8.3%；燃料乙醇年产量为 370 万 t，生物柴油年产量为 280 万 t（水电水利规划设计总院，2024）。

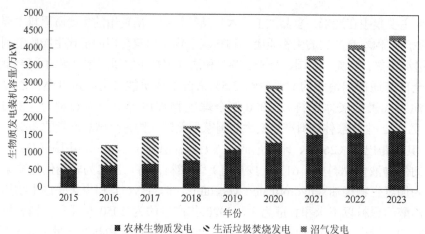

图1-4　2015～2023年生物质发电装机容量

资料来源：水电水利规划设计总院（2024），中国产业发展促进会生物质能产业分会（2020）

　　尽管生物质能发展迅速，但是相比于我国风电、太阳能光伏发电等可再生能源的飞速增长，生物质能发展明显滞后。2007年我国曾发布《可再生能源中长期发展规划》，对2020年主要可再生能源技术发展设定了具体目标。回头去看，风电、太阳能2020年实际装机容量已是当时规划值的9.38倍和140.79倍，而在生物质能多项技术中，除生物质发电勉强达到当时的规划目标外，生物质成型燃料、生物燃料乙醇和生物柴油等距离当时规划目标相差较大，2020年利用量分别仅为当时规划值的40%、30%和50%（图1-5）。生物质能规模化发展面临的诸多问题，如原料分散、收集困难，转化技术复杂、成本下降空间有限，以及终端利用缺乏激励、面临传统能源市场壁垒等，还有待进一步解决。

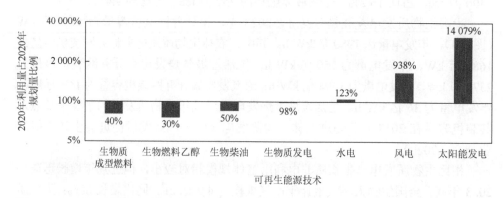

图1-5　2020年可再生能源实际利用量与《可再生能源中长期发展规划》（2007年）中2020年规划量的比较

1.3 生物质能与应对气候变化

气候变化会对生态系统和人类社会产生重大影响。这些影响包括但不限于降水量变化、冰雪融化、物种迁移，以及热浪、干旱、洪水、气旋等极端事件的增加。长期气候变化将会增加对人类和生态系统造成严重、普遍和不可逆影响的可能性（IPCC，2014）。据估计，人类活动已导致全球变暖幅度比工业化前水平高约 1.0℃，可能在 0.8℃至 1.2℃之间（IPCC，2018）。如果继续执行当前政策，世界将走在一条高排放的道路上，这可能导致全球气温在 2100 年升高 5℃（中值估计），最坏情况下可能升高 7℃（10%的可能性）（Committee on Climate Change and China Expert Panel on Climate Change，2018）。这样的温度将对人类和自然系统构成严重的直接和间接风险。

为有效应对气候变化风险，2015 年在巴黎召开的第 21 届联合国气候变化大会通过了《巴黎协定》，提出了将全球平均气温升幅控制在工业化前水平以上 2℃之内，并努力将气温升幅限制在工业化前水平以上 1.5℃之内的目标；同时还确立了 2020 年后国际气候治理新机制，以各缔约方自下而上的国家自主贡献（nationally determined contributions，NDC）承诺为基础，以每五年一次的全球集体盘点为激励，推动全球应对气候变化合作进程（UN，2015；何建坤，2018）。根据联合国环境规划署（United Nations Environment Programme，UNEP）的评估，将全球变暖限制在 2℃或 1.5℃以下的 GHG 排放水平与国家自主贡献所提出的 GHG 排放水平相差较大。截至 2021 年 9 月 30 日，占全球 GHG 排放一半以上的 120 个国家（121 个缔约方，包括欧盟及其 27 个成员国）已经通报了新的或更新后的国家自主贡献，按照新的或更新后的国家自主贡献计算，要将升温幅度控制在 2℃内，2030 年全球年排放量必须在各国提交的无条件国家自主贡献减排方案基础上再减少 13 Gt CO_2-eq；若要实现控制在 1.5℃内的目标，则须减少 28 Gt CO_2-eq（UNEP，2021）。2018 年，联合国政府间气候变化专门委员会（Intergovernmental Panel on Climate Change，IPCC）发布的《全球升温 1.5℃特别报告》强调实现 1.5℃升温控制目标的必要性。相比 2℃，实现 1.5℃升温控制目标可以明显降低气候风险，但同时也要求更为严格的减排进程，到 2030 年全球实现净人为 CO_2 排放量在 2010 年水平上减少约 45%，到 2050 年左右达到净零排放，因此迫切需要全球进一步强化减排行动。

生物质能是重要的碳减排措施。国际能源机构（International Energy Agency，IEA）发布的《全球能源行业 2050 净零排放路线图》（IEA，2021）中提到，在 2050 年净零排放情景下，2050 年生物质能需要每年提供约 100 EJ 的能量，其中 60 EJ 来自农业和林业剩余物与废弃物，其余 40 EJ 来自能源植物。2050 年，生物质能将占全球能源总供应的20%，对全球交通、工业和建筑部门脱碳都将发挥重要作用。世界主要区域和国家都将生物质能作为应对气候变化战略的重要内容。欧盟委员会于2019年发布了《欧洲绿色新政》，提出2050年实现净零排放的目标，计划在七个战略性领域开展行动，发展生物质能是其中的一项重要内容。英国政府于2020年公布《绿色工业革命十点计划》，以期在2050年之前实现GHG"净零排放"。该计划中涉及生物质能的领域包括可持续航空燃料、住宅与公共建筑脱碳等。美国于2021年正式发布了《迈向2050年净零排放的长期战略》，公布了美国实现2050碳中和目标的时间节点与技术路径，其中特别提到生物质能是促进能源系统脱碳的关键组成部分。

发展生物质能是我国实现碳达峰、碳中和目标的重要举措。《中共中央 国务院关于完整准确全面贯彻新发展理念做好碳达峰碳中和工作的意见》中提到要"实施可再生能源替代行动，大力发展风能、太阳能、生物质能、海洋能、地热能等""合理利用生物质能""在北方城镇加快推进热电联产集中供暖……因地制宜推进热泵、燃气、生物质能、地热能等清洁低碳供暖"等内容，这为生物质能的发展提供了重要机遇，同时也提出了更高的要求。

长期以来，学界对生物质能GHG减排特征形成了三点认识，可以归纳为零碳排放、全生命周期排放和负排放三个概念。本书尝试系统梳理生物质能的碳减排特征，并着重在后续章节介绍全生命周期排放和负排放两项。

（1）零碳排放。"零碳排放"是对生物质能碳减排特征的一个简化认识。植物在生长过程中会吸收空气中的 CO_2，如果加工转化为生物质能，在其利用阶段会排放 CO_2。吸收和排放大致可以抵消，因而通常可对生物质能利用按照净零碳排放加以考虑（IPCC，2006）。

（2）全生命周期排放。随着生物质能在全球的规模化发展，很多学者注意到，在生物质资源获取和生物质能加工转换等环节可能会有化石能源消费，从而产生额外 CO_2 排放，于是需要进一步对生物质能的全生命周期排放加以考虑。

（3）负排放。近年来，随着IPCC《全球升温1.5℃特别报告》的发布，以及各国加快推动碳中和目标进程，生物质能负排放潜力越来越受到国际社会的广泛关注。BECCS的生物能源可以将生物质能利用过程中排放的 CO_2 进一步通过碳捕集与封存（carbon capture and storage，CCS）技术封存到地质构造中，从大气中移除出去（Luderer et al.，2018；IEA，2013；IPCC，2014）。最新研究表明，需要大规模部署BECCS才能将全球的平均气温升幅控制在2℃和1.5℃之内（Clarke and Jiang，2014；Smith et al.，2016），2050年BECCS的规模范围为0～8 Gt CO_2/a，2100年BECCS的规模范围为0～16 Gt CO_2/a（IPCC，2018）。BECCS的利用在很大程度上取决于化石燃料和工业的累积残余 CO_2 总排放量（Luderer et al.，2018）以及其他CDR技术方案的引入（Aldy et al.，2016）。

参 考 文 献

何建坤. 2018. 新时代应对气候变化和低碳发展长期战略的新思考[J]. 武汉大学学报（哲学社会
　　科学版），71（4）：13-21.

水电水利规划设计总院. 2024. 中国可再生能源发展报告 2023[M]. 北京：中国水利水电出版社.

中国产业发展促进会生物质能产业分会. 2020. 2020 中国生物质发电产业发展报告[EB/OL].
　　https://www.beipa.org.cn/productinfo/515739.html[2023-07-25].

Aldy J，Pizer W，Tavoni M，et al. 2016. Economic tools to promote transparency and comparability
　　in the Paris agreement[J]. Nature Climate Change，6（11）：1000-1004.

Clarke L，Jiang K. 2014. Assessing transformation pathways[C]//IPCC. Climate Change 2014：
　　Mitigation of Climate Change. Contribution of Working Group Ⅲ to the Fifth Assessment
　　Report of the Intergovernmental Panel on Climate Change. Cambridge：Cambridge University
　　Press：413-510.

Committee on Climate Change，China Expert Panel on Climate Change. 2018. UK-China cooperation
　　on climate change risk assessment：developing indicators of climate risk[EB/OL]. http://www.
　　theccc.org.uk/publication/indicators-of-climate-risk-china-uk[2022-06-25].

IEA. 2013. Technology roadmap-carbon capture and storage 2013[EB/OL]. https://www.iea.org/reports/
　　technology-roadmap-carbon-capture-and-storage-2013[2022-06-25].

IEA. 2021. Net zero by 2050：a roadmap for the global energy sector[EB/OL]. https://iea.blob.core.
　　windows.net/assets/deebef5d-0c34-4539-9d0c-10b13d840027/NetZeroby2050-ARoadmapforthe
　　GlobalEnergySector_CORR.pdf[2022-06-25].

IPCC. 2006. 2006 IPCC guidelines for national greenhouse gas inventories[EB/OL]. http://www.ipcc-
　　nggip.iges.or.jp/public/2006gl/index.html[2022-06-25].

IPCC. 2014. Climate Change 2014：Mitigation of Climate Change. Contribution of Working Group
　　Ⅲ to the Fifth Assessment Report of the Intergovernmental Panel on Climate Change[M]. Cambridge：
　　Cambridge University Press.

IPCC. 2018. Summary for policymakers[EB/OL]. https://www.ipcc.ch/sr15/chapter/spm/[2022-06-25].

Luderer G，Vrontisi Z，Bertram C，et al. 2018. Residual fossil CO_2 emissions in 1.5-2 ℃ pathways[J].
　　Nature Climate Change，8（7）：626-633.

REN21. 2021. Renewables 2021 global status report[EB/OL]. https://www.unep.org/resources/report/
　　renewables-2021-global-status-report[2022-06-25].

REN21. 2022. Renewables 2022 global status report[EB/OL]. https://www.unep.org/resources/report/
　　renewables-2022-global-status-report[2025-02-17].

Ritchie H，Rosado P，Roser M. 2023. Energy[EB/OL]. https://ourworldindata.org/energy[2025-02-17].

Smith P，Davis S J，Creutzig F，et al. 2016. Biophysical and economic limits to negative CO_2
　　emissions[J]. Nature Climate Change，6（1）：42-50.

UN. 2015. Paris agreement[EB/OL]. https://unfccc.int/files/essential_background/convention/application/
　　pdf/english_paris_agreement.pdf[2022-06-25].

UNEP. 2021. The emissions gap report 2021[EB/OL]. https://www.unep.org/events/publication-launch/
　　emissions-gap-report-2021[2022-06-25].

第 2 章 生物质能生命周期 GHG 排放

一般而言，生物质能常被认为是零碳排放的能源形式。随着研究的深入与细化，科学界日益意识到，对生物质能的 GHG 排放，需进行更为全面且细致的分析。具体而言，生物质能在加工转换过程中，由于燃料消耗和原料处理等环节，不可避免地会排放 GHG；同时，回溯至原料的源头——植物的种植过程，尽管其能够有效吸收 CO_2，但在生长过程中也会通过呼吸过程或者化肥施用等农业活动释放出一定量的 CO_2。鉴于此，研究人员不禁提出这样的疑问，若我们将视角扩展至整个生命周期，生物质能的 GHG 排放特征又将如何呈现？这一疑问促使我们基于生命周期方法来重新认识生物质能 GHG 减排效益，以实现更加绿色、可持续的能源利用。

2.1 生物质能生命周期 GHG 排放核算方法[①]

生物质能在多大程度上可以实现相比化石能源的 GHG 减排，取决于它全生命周期内各个环节的综合表现。本节首先简要梳理目前常用的 GHG 排放核算方法，然后以国际生物质能可持续性政策和认证标准的相关方法学为依据，识别生物质能 GHG 排放核算方法的关键要素。

2.1.1 GHG 排放核算方法

根据核算边界的不同，GHG 排放核算方法可以大致分为三类：国家/区域层面、企业层面以及项目/产品层面的核算方法。

1. 国家/区域层面的 GHG 排放核算方法

国家/区域层面的 GHG 排放核算方法通常以地理或行政边界为核算边界，核算国家/区域层面的 GHG 排放总量和结构，可用于识别 GHG 减排的重点领域，为制定国家/区域层面 GHG 减排目标和实施途径提供支持。IPCC 发布的《国家温

① 本节部分内容引自：付萌，常世彦. 2020. 适用于可持续认证的生物质能温室气体排放核算方法[J]. 科技导报，38（11）：51-59. 此处有一定修改。

室气体清单指南》从能源、工业过程和产品使用、农业、林业和其他土地利用、废弃物等部门来核算国家 GHG 排放，为世界各国建立国家 GHG 清单提供了技术规范。2011 年国家发展和改革委员会应对气候变化司组织编写的《省级温室气体清单编制指南（试行）》也基本遵循了 IPCC 发布的《国家温室气体清单指南》的方法。

2. 企业层面的 GHG 排放核算方法

企业层面的 GHG 排放核算方法一般以企业法人或视同法人的独立核算单位为边界，核算边界内生产系统的 GHG 排放，可以帮助企业识别 GHG 排放重点源，制订排放控制计划。我国已发布发电、钢铁生产、水泥生产等重点行业企业的 GHG/碳排放核算与报告要求相关标准，以及发电、钢铁生产、水泥生产等重点行业企业的 GHG 排放核算方法与报告指南，为建立企业 GHG 排放报告制度、完善 GHG 排放核算体系和开展碳排放权交易等工作提供了支撑。

3. 项目/产品层面的 GHG 排放核算方法

项目/产品层面的 GHG 排放核算方法主要有清洁发展机制（clean development mechanism，CDM）方法和生命周期评价（life cycle assessment，LCA）方法等。CDM 方法由联合国 CDM 执行理事会批准，用于预估项目的 GHG 减排量。LCA 方法由国际标准化组织（International Organization for Standardization，ISO）提出，强调对产品生命周期全过程（相关的连续且相互连接的阶段）进行相对完整的评价。LCA 是对一个产品系统的生命周期中输入、输出及其潜在环境影响的汇编和评价 [《环境管理 生命周期评价 原则与框架》（GB/T 24040—2008）]。LCA 可以评价产品生命周期中可能产生的多种环境影响，当仅针对气候变化这一单一环境影响类型时，可以称为产品碳足迹研究。LCA 强调贯穿于获取原材料、生产、使用、生命末期的处理、循环和最终处置这一整个产品生命周期的环境因素和潜在的环境影响，因此 LCA 方法会跨越企业边界，甚至是国家/区域边界。在生物质能产品的环境影响评估领域，LCA 方法被公认为是最为有效且权威的方法之一（Muench and Guenther，2013；Cherubini et al.，2009）。全球众多国家和区域在开展生物质能可持续性管理时都要求以 LCA 方法为基本方法。欧盟的《可再生能源指令》（Renewable Energy Directive，RED）[①]、英国运输部的《可

---

① 欧盟于 2009 年首次通过了《可再生能源指令》，旨在推动可再生能源在欧盟内的广泛应用和发展，该版本可简写为 RED Ⅰ。2018 年，欧盟对 RED 进行了大幅修订，形成了 RED Ⅱ。2023 年，欧盟进一步对 RED Ⅱ进行修订，形成 RED Ⅲ。不同版本的 RED 中对可再生能源和生物质能相关要求会有所差异。如无特别说明，书中所指的 RED 为 RED Ⅲ。

再生运输燃料义务》（Renewable Transport Fuel Obligation，RTFO）以及美国加利福尼亚州空气资源委员会的《低碳燃料标准》（Low Carbon Fuel Standard，LCFS）中都提出了生物质能生命周期 GHG 排放核算的具体方法。国际可持续发展和碳认证（International Sustainability and Carbon Certification，ISCC）和可持续生物质圆桌会议（Roundtable on Sustainable Biomaterials，RSB）等国际知名的认证机构也分别提出了适用的生物质能生命周期 GHG 排放核算方法（ISCC，2016；RSB，2018）。下文重点以 LCA 方法为基础梳理生物质能 GHG 排放核算方法与关键要素。

2.1.2 生物质能生命周期 GHG 排放核算方法的关键要素

基于 LCA 方法对生物质能生命周期 GHG 排放进行核算，其基本理念是对从原料生产（种植或收集）、加工、运输、分配直至利用中所产生的 GHG 排放加以系统核算（图 2-1）。尽管这一理念直观易懂，但实际操作却颇为复杂，这种复杂性来源于核算范围的界定、核算规则的选取、不同情境下对核算规则的解读以及数据来源的可靠性等多个方面。以美国玉米乙醇的生命周期能耗和 GHG 排放核算为例。美国康奈尔大学教授 Pimentel 于 1991~2005 年发表了一系列研究论文，提出美国生产玉米乙醇的净能量值为负的结论（Pimentel，1991，2003；Pimentel and Patzek，2005），也就是玉米乙醇生产过程中所消耗的能量会大于玉米乙醇本身所蕴含的能量。这意味着如果从生命周期的角度看，美国玉米乙醇并不能实现净零排放，其排放可能还会高于相应的化石燃料。这一结论在全球曾引起强烈反响。加利福尼亚大学伯克利分校的研究团队 2006 年在 Science 发表论文，其对美国玉米乙醇生命周期 GHG 排放的相关研究进行了详细的 Meta 对比分析（Farrell et al.，2006）。研究结论认为，Pimentel 的研究对乙醇生产技术的判断相对滞后，且并未考虑副产品的碳排放分摊问题，因此，即便从生命周期的角度去看，玉米乙醇仍可实现相比化石能源的大幅减排，其实质上将有助于美国实现 GHG 减排。学术研究领域这些关于生物质能 GHG 核算结果不确定性的争议，提示我们在开展生物质能生命周期 GHG 排放核算时，要对可能导致 GHG 核算结果较大不确定性的因素予以高度关注。因此，本节首先对这些关键因素进行梳理和讨论。这些因素包括但不限于系统边界的划定、副产品分配方法选择等。

1. 系统边界

生命周期的定义是产品系统中前后衔接的一系列阶段，即从自然界或从自然

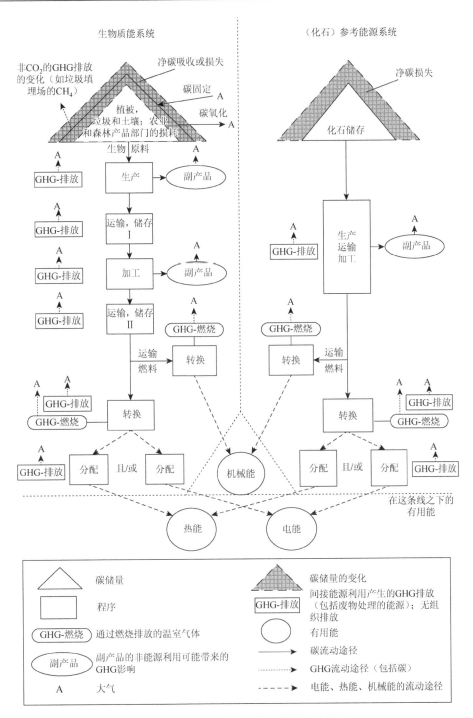

图 2-1　生物质能生命周期碳排放研究边界

资料来源：Schlamadinger 等（1997）

资源中获取原材料，直至最终处置。这一定义虽具概括性，为 GHG 排放核算提供了基础框架，然而，鉴于生物质能产品种类繁多、供应链上下游复杂的特点，在具体应用场景下，仍需对这一框架进行细致化、具体化的界定。生物质能生命周期通常包括原料生产、运输、储存、加工，能源转换和分配等多个阶段（图 2-1）。式（2-1）为欧盟 RED 中提供的生命周期排放核算方法。

$$E = e_{ec} + e_1 + e_p + e_{td} + e_u - e_{sca} - e_{ccs} - e_{ccr} \tag{2-1}$$

其中，E 表示生物质能生命周期 GHG 排放；e_{ec} 表示原料种植和收集过程中的 GHG 排放；e_p 表示能源加工和转换过程中的 GHG 排放；e_{td} 表示运输和分配过程中的 GHG 排放；e_u 表示能源利用中的 GHG 排放。除了以上四个阶段的 GHG 排放，欧盟还就四个阶段中需要单独考虑的特定内容进行了明确，包括土地利用变化导致的年均化 GHG 排放（主要体现在原料种植阶段），用 e_1 表示；以及通过提高农业管理减少的土壤碳库累积排放 e_{sca}；通过 CO_2 捕集与封存减少的排放 e_{ccs} 和通过 CO_2 捕集与替代减少的排放 e_{ccr}。

由于生命周期链条复杂，很多研究会对其中部分 GHG 排放环节核算进行适度简化。例如，生命周期中所涉及的基础设施和设备的隐含排放就是一个常被简化处理的内容。仿照成本核算的分类，Graboski（2002）将生命周期中能源投入分为可变能源投入和资本能源投入两类。可变能源投入代表能源投入与实际的产出之间直接相关的部分，而资本能源投入主要是指基础设施和设备投入中隐含的能源投入。Frischknecht 等（2007）进一步指出，在 LCA 中是否纳入资本能源投入应依据研究对象的具体特征及资本能源投入在 LCA 中的重要性来决定。例如，聚焦毒性相关环境影响的分析，对资本能源投入的考量便不可或缺。实践中，可以遵循《环境管理 生命周期评价 要求与指南》中的取舍准则（见专栏 2-1）来加以判断。

专栏 2-1　《环境管理 生命周期评价 要求与指南》（GB/T 24044—2008/ISO 14044：2006）中对"取舍准则"的要求

取舍准则（cut-off criteria）是对与单元过程或产品系统相关的物质和能量流的数量或环境影响重要性程度是否被排除在研究范围之外所做出的规定。对初始输入输出的取舍准则及其假设等应做出明确的描述。所选择的取舍准则对研究结果产生的影响也应在最终的报告中做出评价和解释。

LCA 中用于确定输入的取舍准则应包括在评价中，例如物质、能量和环境影响重要性等。如果仅考虑物质的贡献来确定输入可能会导致研究中的某

> 些重要的输入被忽略。因此，在这一过程中宜考虑将能量和环境影响重要性也作为取舍准则。
>
> （1）物质量：在运用物质准则时，当物质输入的累计总量超过该产品系统物质输入总量一定比例时，就要纳入系统输入。
>
> （2）能量：同样地，在运用能量准则时，当能量输入的累计总量超过该产品系统能量输入总量一定比例时，就要纳入系统输入。
>
> （3）环境影响重要性：在运用环境影响重要性准则时，如果产品系统是通过环境相关性选择出来的，则当该产品系统中一种数据输入超过该数据估计量一定比例时，就要纳入系统输入。

在生物质能生命周期 GHG 排放核算中，资本能源投入因其核算难度较高且单位产品分摊量往往微不足道，因此常被简化核算或忽略不计。这一做法在 RED、LCFS、ISCC 以及 RTFO 的生命周期 GHG 排放核算方法中都有所体现，即默认基础设施建设或农业机械、生产设备、运输工具等设备制造过程产生的 GHG 排放占总排放的比例较小，不将其纳入系统边界（European Parliament，Council of the European Union，2018；California Air Resources Board，2010；ISCC，2016；Department for Transport of United Kingdom，2020；RSB，2017，2018）。然而，值得注意的是，RSB 开发的适用于全球认证的核算方法明确需要考虑基础设施。但在实际操作中也进行了灵活调整，在其针对欧盟 RED 认证定制开发的方法学中，明确选择不将机械设备制造过程的排放纳入考量范畴，以确保与欧盟 RED 的兼容性。

2. 副产品分配方法

分配是指将过程或产品系统中的输入和输出流划分到所研究的产品系统以及一个或更多的其他产品系统中 [《环境管理　生命周期评价　要求与指南》（GB/T 24044—2008/ISO 14044：2006）]。在生物质能生命周期 GHG 排放核算中，需要根据一定的分配方法将生命周期单元过程的物质流、能量流以及相应的 GHG 排放分配到副产品中。副产品是同一单元过程或产品系统中产出的非主产品的产品。副产品具有一定的资源价值、能源价值或市场价值，通常需要与生物质能主产品一起承担生命周期中的化石能耗与 GHG 排放。常用的副产品分配方法包括质量分配法、能量分配法、市场价值分配法和替代法等（Shapouri et al.，1995；Gnansounou et al.，2009；Wang，1999；Wang et al.，2011）（表 2-1）。国际上不同生物质能可持续性政策和标准对副产品分配方法的选取有所不同。RED 和 RTFO 主要采用能量分配法，而 LCFS 主要采用替代法。RSB 做了灵活设计，它开发的适用于欧盟 RED 的方法采用能量分配法，以确保与欧盟 RED 的兼容性，而对其他区域采用市场价值分配法。

表 2-1　生物质能副产品分配方法的比较

分配方法	定义	缺点
质量分配法	根据生物质能产品及其副产品的相对质量占比进行分配	当副产品的产量较高时，会导致副产品分配较高的 GHG 排放量。例如，在生产生物基燃料丁醇的过程中，副产品生物基丙酮的产量较高，与丁醇产量的比例可达 1∶2 甚至更高水平（Wu et al., 2007）
能量分配法	根据生物质能产品及其副产品的相对能量含量占比进行分配	对于非能源产品，较难进行量化分配。例如，如果副产品是食物或饲料，其能量通常用于表征其营养价值，与燃料热值有所不同（Liu and Qiu, 2018）
市场价值分配法	根据生物质能产品及其副产品的相对市场价值占比进行分配	会受市场价格波动的影响
替代法	根据与副产品功能相当的替代产品生命周期排放绩效来分配	替代法具有不确定性，副产品的利用方式不同，与其功能相当的替代产品也会有所不同（Kim and Dale, 2002）

副产品分配方法的选择对生命周期 GHG 排放核算影响较大。Wang 等（2011）比较了不同副产品分配方法下美国玉米乙醇、柳枝稷乙醇、大豆生物柴油和大豆可再生柴油生命周期能耗和 GHG 排放。研究发现，玉米乙醇生命周期 GHG 总排放中可分配给其副产品的比例在不同分配方法下的范围为 19%～46%，柳枝稷乙醇为 2%～31%，大豆生物柴油为 57%～92%，大豆可再生柴油为 64%～131%，分配方法的选择会显著影响核算结果。Thamsiriroj 和 Murphy（2011）比较了不同副产品分配方法下生物柴油和生物甲烷的生命周期 GHG 排放情况。研究发现，分别使用能量分配法和替代法下，油菜籽生物柴油的 GHG 减排率分别为 45% 和 75%，动物脂生物柴油分别为 54% 和 150%，餐厨废油生物柴油分别为 69% 和 77%，草基生物甲烷分别为 54% 和 129%，因此这些生物燃料是否满足欧盟 RED 中 GHG 减排要求与分配方法的选择高度相关。

在考虑副产品 GHG 排放分配方法时，还有一个技术难点是如何界定副产品与剩余物（或废弃物）。LCA 方法中通常会默认剩余物（或废弃物）可以不参与 GHG 排放分配，但是对如何区分副产品和剩余物（或废弃物）并没有明确规定。例如，对乙醇加工过程中产生的酒糟蛋白饲料（distiller's dried grains with solubles，DDGS）应按照副产品还是按照剩余物加以考虑，就没有明确的界定。Whittaker 等（2011）对英国小麦乙醇 GHG 排放进行核算，计算结果分别为 37.6 gCO_2-eq/MJ 和 63.3 gCO_2-eq/MJ。结果的差异主要源于对 DDGS 的不同定位。如果将 DDGS 视为加工过程的副产品，采用能量分配法分配后的小麦乙醇 GHG 排放为 37.6 gCO_2-eq/MJ；如果将 DDGS 视为剩余物，按照剩余物无须分摊 GHG 排放考虑，那么小麦乙醇的 GHG 排放为 63.3 gCO_2-eq/MJ。对于以秸秆等农林业剩余物为原料的生物质能，农林业剩余物是否需要分摊生命周期 GHG 排放，在不同方法学里的计算规则也有一定差异。RED、RTFO、ISCC 和 RSB 方法都将秸秆视为农作物种植阶段的剩余物（或废弃物），明确不考虑其 GHG 排放分摊，而 LCFS 方法则将秸秆视为副产品，明确需要考虑秸秆在种植阶段的 GHG 排放。

3. 土地利用变化

如何刻画土地利用变化的影响是目前生物质能 GHG 排放核算的一个难点问题，存在较大的不确定性。一般而言，土地利用变化包括直接土地利用变化和间接土地利用变化。直接土地利用变化是指种植能源植物导致土地用途直接改变所产生的排放，如将林地变为耕地所导致的 GHG 排放；而间接土地利用变化则主要指农林业植物变更为能源植物后所间接导致的 GHG 排放，例如，原本作为粮食的玉米转而用于生产生物燃料，则需开发其他土地用于种植粮食来加以补充，从而间接导致土地利用变化（Berndes et al.，2011）。

围绕土地利用变化对生物质能 GHG 排放绩效的影响，学术领域有过很多争论。以美国玉米乙醇为例。2008 年普林斯顿大学研究团队发表在 *Science* 上的一份研究却指出，需要对生物质能对土地利用变化的影响进行科学分析，如果考虑这一影响，玉米乙醇的使用将增加美国的 GHG 排放。根据他们的计算，考虑了土地利用变化的玉米燃料乙醇 GHG 排放为 177 gCO$_2$-eq/MJ，远远高于没有考虑土地利用变化的 GHG 排放（74 gCO$_2$-eq/MJ）（Searchinger et al.，2008）。2021 年，哈佛大学公共卫生学院牵头对这一主题继续开展研究。他们的计算显示即使考虑土地利用变化，目前美国玉米乙醇的 GHG 排放量比汽油的 GHG 排放量低 46%，减排效果较为显著。得出相对较低的 GHG 排放结果是因为，他们考虑了玉米生产受市场驱动发生的变化（如降低了农场化肥和化石燃料的使用强度）以及乙醇生产过程中能耗的提升（如天然气使用效率提高等）（Scully et al.，2021）。

国际上一些可持续性政策要求和标准认证体系已将土地利用变化引起的 GHG 排放纳入核算边界。欧盟在 2009 年发布的 RED Ⅰ 中给出了直接土地利用变化产生 GHG 排放的计算公式，但未考虑间接土地利用变化。在 2018 年发布的 RED Ⅱ 中才增加了由间接土地利用变化产生的 GHG 排放估计值。美国加利福尼亚州 LCFS 给出玉米燃料乙醇间接土地利用变化产生的 GHG 排放默认值为 30 gCO$_2$-eq/MJ[①]，占当地玉米乙醇总排放的 24%～40%（Andress et al.，2010）。Khatiwada 等（2012）分别利用欧盟 RED Ⅰ 核算方法和美国加利福尼亚州 LCFS 核算方法，对基于同一种植模式和生产工艺的巴西甘蔗乙醇进行了评价，结果显示 GHG 排放分别为 23.97 gCO$_2$-eq/MJ 和 66.4 gCO$_2$-eq/MJ。差异较大的主要原因是前者基于 RED Ⅰ 方法核算，没有考虑间接土地利用变化产生的 GHG 排放，而后者基于 LCFS 方法，考虑了间接土地利用变化对 GHG 排放的影响。

---

① LCFS 2009 年给出的默认值，后续有所调整。

4. 默认值

默认值是生命周期 GHG 排放核算方法的重要组成部分，一般包括三种类型：①不同生物质能产品生命周期 GHG 排放默认值；②生物质能生命周期 GHG 排放核算过程中关键参数的默认值；③与生物质能相比较的参考产品的 GHG 排放默认值。

1）生物质能产品 GHG 排放默认值

生物质能产品 GHG 排放默认值是在不需要开展实测时所默认采取的排放值。默认值需要具有一定代表性，能反映特定生物质能产品的普遍情况。一般而言，默认值取值会相对保守，不会选择绩效较高的乐观情况。RED 和 LCFS 都提供了多种生物质能产品的 GHG 排放默认值。

2）关键参数的默认值

GHG 排放核算中涉及大量参数，一些关键参数对核算结果影响较大，包括燃料热值、GHG 排放因子和转化效率等。ISCC 和 RSB 对生命周期投入能源排放因子的设置主要出自 Ecoinvent 数据库。LCFS 核算过程中的关键参数主要来自美国阿贡国家实验室在交通 GHG、管制排放和能源使用（the greenhouse gases，regulated emissions，and energy use in transportation，GREET）模型基础上开发的加利福尼亚州版 GREET 模型（CA-GREET 模型）。

3）参考产品的 GHG 排放默认值

生物质能生命周期 GHG 排放核算的参考产品通常为与其功能相同/相似的化石能源。国际上主要可持续性政策和标准中一般会给出化石能源参考产品的默认值，用以核算生物质能相对应的减排量。例如，生物液体燃料通常以汽油或柴油作为参考产品。RED 中给出的汽油/柴油生命周期 GHG 排放量为 94 gCO_2-eq/MJ。

综合来看，系统边界、副产品分配方法、土地利用变化和默认值等关键因素对生物质能 GHG 排放具有较大影响。

2.1.3 生物质能生命周期 GHG 排放核算工具

生物质能生命周期 GHG 排放核算主要采用三种方法，分别是基于过程的方法、基于经济投入产出的方法和混合生命周期法。基于过程的方法强调在系统边界范围内划分出若干单元过程，分析每个单元过程的物质和能源投入产出，并根据不同单元过程间的物质流和能源流关系，核算系统内整体的物质和能源投入产出以及相应的 GHG 排放（王如松，2003）。基于经济投入产出的方法是一种自上至下的建模方式，以整个国民经济作为系统边界，利用投入产出表对国民经济中各种产品来源与使用去向的量化信息，分析特定产品上、下游阶段的隐含排放

（Hendrickson et al.，1998，2006；Joshi，1999）。混合生命周期法是将基于过程的方法和基于经济投入产出的方法整合在同一分析框架内的方法。这种方法既可保留基于过程的方法对单元过程有详细数据描述的特点，同时也能有效利用已有的投入产出表（李小环等，2011；谢小天，2016）。例如，李小环等（2011）采用混合生命周期法来分析木薯燃料乙醇的生命周期 GHG 排放。其中，各阶段的直接排放采用基于过程的方法计算，间接排放则使用基于经济投入产出的方法计算，整个生命周期的 GHG 排放为各阶段的直接排放和间接排放之和。

　　已有很多较为成熟的软件工具可运用于生物质能的生命周期 GHG 排放核算。例如，美国阿贡国家实验室构建的 GREET 模型可以对多种交通能源生命周期的能耗和 GHG 排放进行评价，对燃料乙醇、生物柴油等生物质能技术有较为详细的刻画①。国际上一些通用的 LCA 软件，如 SimaPro、GaBi 等工具也可以开展生物质能的生命周期 GHG 排放核算。国内学者也开展了大量研究工作。例如，清华大学中国车用能源研究中心以 GREET 模型为原型，对部分模型结构进行调整，并在尽可能采用我国实际参数数据基础上，形成中国主要终端能源的全生命周期能源及 GHG 排放强度的基础平台，构建了清华大学中国车用能源 LCA 模型（欧训民和张希良，2011）。农业部规划设计研究院②与意大利都灵理工大学合作建立了能源作物能量平衡全生命周期评价模型（张艳丽等，2009），对我国燃料乙醇生产示范工程进行全面评价。成都亿科环境科技有限公司研发了通用型LCA 软件 eBalance，并发布了中国生命周期基础数据库（Chinese Core Life Cycle Database，CLCD）等③。

2.2　我国生物质能生命周期 GHG 排放

2.2.1　研究方法

　　本节采用综述研究的方法，收集并梳理我国生物质能生命周期 GHG 排放的相关研究，以期对我国生物质能生命周期现有研究结果有一个较为全面的认识。

　　1. 观察值的选取

　　1）系统边界

　　生物质能生命周期 GHG 排放核算，一般会选取从原料获取到其终端利用的全过程作为研究边界。在实际开展生物质能 LCA 研究的文献中，系统边界的划分

---

① https://greet.es.anl.gov/index.php。
② 2018 年 4 月更名为农业农村部规划设计研究院。
③ http://www.ike-global.com/#/。

常常会略有差异。为了避免由系统边界差异而导致核算结果差异，本节进行综述研究时，尽量对不同生物质能采用相同的系统边界以便于比较。具体而言，对生物质发电，系统边界设定为从原料获取直到电力产出（不考虑电力的进一步终端利用）；对生物液体燃料，系统边界设定为从原料获取到燃料在车辆运行中完全燃烧（不考虑车辆运行中燃料的燃烧效率）；对生物质成型燃料供热，系统边界设定为从原料获取到制成生物质成型燃料（不考虑终端供热设备的燃烧效率）。

2）指标选取

生物质能生命周期 GHG 排放要基于其生命周期化石能耗情况进行核算。但是，开展生物质能生命周期化石能源消耗分析的文献并非都进一步延伸做了 GHG 排放分析。考虑这些研究中包含了很多重要的基础信息，因此本节选取的综述文献需要至少公布生命周期化石能耗、全生命周期 GHG 排放或生命周期 CO_2 排放三个指标之一。GHG 主要包括 CO_2、CH_4 和 N_2O，其中 CH_4 和 N_2O 根据全球 100 年尺度增温潜势换算成 CO_2 当量。

3）副产品分配

本节考虑了生物质能生命周期能耗与 GHG 排放的副产品分配。同一篇文献若提供多种副产品分配结果，则每一个副产品分配结果按照一个单独的观察值进行统计。

4）燃料掺混

生物质能有时会以一定比例与化石燃料加以掺混用于终端能源服务，例如，生物液体燃料可以与汽油或柴油以一定比例掺混（如 E10、B5）用于车用能源。有些研究文献给出了不同燃料掺混比例后的 LCA 结果。本节研究仅考虑纯生物质能的能耗和 GHG 排放特性，未考虑与化石燃料掺混的情况。

5）情景分析

情景分析是不确定性分析的重要方法，有些文献采用情景分析方法给出了不同情景下生物质能 LCA 结果。本节将每一个情景分析结果记为一个观察值。对于未给出具体情景描述仅开展灵敏度分析的研究，本节不将其灵敏度分析结果作为单独的观察值列入。

6）时间覆盖范围

有些研究给出了不同时间段生物质能 LCA 结果，如柴沁虎（2005）不仅分析了 2005 年前后生物液体燃料的生命周期能耗和 GHG 排放情况，也预测了 2030 年的可能趋势。本节研究考虑了生物质能在时间维度上的变化趋势，将同一研究文献针对相同原料和技术但不同时间段的分析结果作为不同的观察值加以考虑。

本节收集了我国生物质能生命周期 GHG 排放的 54 篇相关研究文献。表 2-2 列出了综述文献的主要信息，从原料、加工转化利用技术和终端产品三个方面，对所研究的生物质能技术路径进行分类。

表 2-2　调研文献

技术分类	序号	简称	调研文献
生物液体燃料	1	玉米-发酵-燃料乙醇	冯文生（2013），张茜（2012），丁文武等（2010），张艳丽等（2009），Ou 等（2009），申威（2007），张治山和袁希钢（2006），戴杜等（2005），柴沁虎（2005），李宏刚（2006）
	2	小麦-发酵-燃料乙醇	李胜（2005），申威（2007）
	3	木薯-发酵-燃料乙醇	汪峰（2012），李小环等（2011），赵淑芳（2010），Ou 等（2009），张艳丽等（2009），Yu 和 Tao（2009），董丹丹等（2008），Leng 等（2008），申威（2007），柴沁虎（2005），戴杜等（2005），胡志远等（2004a），胡志远等（2004b）
	4	甜高粱-发酵-燃料乙醇	李光明（2016），高慧等（2012），田宜水等（2011），Ou 等（2009），张艳丽等（2009），申威（2007），柴沁虎（2005）
	5	甘薯-发酵-燃料乙醇	申威（2007），柴沁虎（2005）
	6	甘蔗-发酵-燃料乙醇	柴沁虎（2005）
	7	纤维素-水解发酵-燃料乙醇	Zhao 等（2016），冯文生（2013），He 等（2012），欧训民和张希良（2011），田望等（2011），申威（2007），柴沁虎（2005）
	8	废弃油脂-转酯-生物柴油	邢爱华等（2010），侯坚（2010），Ou 等（2009），申威（2007），柴沁虎（2005）
	9	大豆-转酯-生物柴油	张茜（2012），Hou 等（2011），Ou 等（2009），董进宁和马晓茜（2007），申威（2007），柴沁虎（2005）
	10	小桐子-转酯-生物柴油	杨江（2012），Hou 等（2011），邢爱华等（2010），Ou 等（2009），申威（2007），柴沁虎（2005）
	11	油菜籽-转酯-生物柴油	邢爱华等（2010），柴沁虎（2005）
	12	黄连木-转酯-生物柴油	申威（2007），李宏刚（2006），柴沁虎（2005）
	13	文冠果-转酯-生物柴油	申威（2007）
	14	光皮树-转酯-生物柴油	申威（2007），柴沁虎（2005）
	15	微藻-转酯-生物柴油	张庭婷（2014），Liao 等（2012），Hou 等（2011）
	16	秸秆 F-T 合成油	欧训民和张希良（2011），Chang 等（2013）
	17	废弃油脂-加氢-生物航空燃料	Chang 等（2013）
	18	小桐子-加氢-生物航空燃料	Chang 等（2013）
	19	微藻-加氢-生物航空燃料	Ou 等（2013），Chang 等（2013）
生物质发电	20	生物质-直燃发电	李欣等（2016），娄世玲（2015），郭敏晓（2012），欧训民和张希良（2011），刘俊伟（2010），赵红颖（2010），陈建华等（2009），刘俊伟等（2009），林琳等（2008），何珍等（2008），冯超和马晓茜（2008），廖艳芬等（2004）
	21	生物质-气化发电	刘华财等（2015），崔和瑞和艾宁（2010），林琳等（2008），何珍等（2006，2008）
	22	生物质-热裂解发电	廖艳芬等（2004）
生物质供热	23	生物质成型燃料	宋世忠（2017），Hu 等（2014），刘华财等（2013），霍丽丽等（2011），朱金陵等（2010）

注：F-T 合成即费-托合成（Fischer-Tropsch synthesis）

2. 功能单位

功能单位是用来量化产品系统功能的基准单位 [《环境管理 生命周期评价 原则与框架》(GB/T 24040—2008)]。在功能单位的选取上,本节参考 Tonini 等(2016)的研究,对生物液体燃料主要考虑 1 MJ 生物液体燃料获取与利用过程中导致的生命周期能源消耗和 GHG 排放量,对生物质发电主要考虑 1 kW·h 电力获取过程中导致的生命周期能源消耗和 GHG 排放量,对生物质供热技术主要考虑 1 MJ 生物质成型燃料或沼气获取与利用过程中的生命周期能源消耗和 GHG 排放量。

2.2.2　主要结论

1. 生物液体燃料

对主要技术路线的生命周期能耗和 GHG 排放进行综述分析,有如下结论。

1)玉米燃料乙醇

全生命周期 GHG 排放为 49.8~167.2 gCO_2-eq/MJ。不同研究对玉米单位面积产量和种植过程中化肥投入量设定的差异导致分析结果间具有较大差异。例如,丁文武等(2010)对玉米燃料乙醇全生命周期能耗分析的结果最为悲观,其研究中给出的最大能耗值 1.75 MJ/MJ,是在较低的玉米产量且不考虑副产品分配的情况下得出的。玉米单位面积产量取值为 4153 kg/hm^2,远低于全国平均水平;同时单位面积氮肥投入量达 226.93 kg/hm^2,远高于全国平均水平。冯文生(2013)研究得出的玉米燃料乙醇的全生命周期能耗值仅为 0.6 MJ/MJ。该研究选取了国内玉米产量较高的代表性产区,玉米单位面积产量取值为 7400 kg/hm^2,同时单位面积氮肥投入量取值为 156.9 kg/hm^2。除了考虑较高的玉米产量与较低的化肥投入外,该研究还考虑了玉米的全株利用,即在生产玉米燃料乙醇的同时,采用玉米秸秆为原料生产纤维素乙醇,通过流程优化实现全生命周期能耗的降低。

2)小麦燃料乙醇

我国批准的几家燃料乙醇企业中,河南天冠企业集团有限公司以小麦为主要原料。因此,目前关于小麦乙醇的研究主要以该集团为基础案例。全生命周期化石能耗为 0.62~1.57 MJ/MJ,全生命周期 GHG 排放为 89.5~135.8 gCO_2-eq/MJ。全生命周期化石能耗最大值(1.57 MJ/MJ)和最小值(0.62 MJ/MJ)都由李胜(2005)给出。化石能耗最大值出现在该研究采用旧工艺且不考虑副产品分配的方案中,最小值出现在采用新工艺且考虑副产品分配的方案中。值得注意的是,该研究中副产品包括麸皮、谷朊粉、高级醇、DDG(distiller's dried grains,干酒精糟)和沼气,副产品分配所占的比例相对较高(旧工艺 41%,新工艺 56%)。根据该研究,小麦燃料乙醇的全生命周期化石能耗对副产品分配非常依赖,无论采用旧工艺还是新工艺，如果不考虑副产品分配，全生命周期化石能耗高于汽油；如果考虑副产品分配，全生命周期化石能耗低于汽油。

3）木薯燃料乙醇

全生命周期 GHG 排放为 65.2～154.9 gCO$_2$-eq/MJ。全生命周期化石能耗最高值 1.71 MJ/MJ 出现在董丹丹等（2008）生产采用旧工艺且未考虑副产品分配的情况下。在该研究中，工艺类型对木薯燃料乙醇生命周期化石能耗的影响非常大。在未考虑副产品收益的情况下，新工艺全生命周期化石能耗为 0.84 MJ/MJ，远低于旧工艺。该研究指出，木薯燃料乙醇生产工艺中蒸馏段、蒸煮液化段和脱水段是能耗最高的三个环节。在新工艺下，考虑副产品分配的全生命周期化石能耗为 0.62 MJ/MJ，相比不考虑副产品分配有所降低。柴沁虎（2005）和申威（2007）分别计算了 2005 年、2020 年和 2030 年木薯燃料乙醇的全生命周期能耗，他们认为从长期来看，木薯燃料乙醇将有较大的技术进步，2030 年能耗将比 2005 年降低 46%左右。

4）甜高粱燃料乙醇

全生命周期 GHG 排放为 16.3～158.7 gCO$_2$-eq/MJ。全生命周期化石能耗最高值为 1.62 MJ/MJ，出现在张艳丽等（2009）的研究中。该研究分析了内蒙古五原和黑龙江桦川两个甜高粱项目的全生命周期能耗。两个项目相同之处在于，由于甜高粱种植农艺流程复杂，化肥施用和农机耗油较多，收获茎干时运输耗油量也较高，因此化石能耗投入较多。但是，内蒙古五原项目利用甜高粱废渣作燃料替代蒸汽锅炉中的煤，节省了化石燃料投入，而黑龙江桦川项目没有对甜高粱废渣进行回收利用，因而能量利用效率较低。收集到的甜高粱乙醇全生命周期化石能耗观察值中的最低值为 0.2 MJ/MJ，这一结论出现在李光明（2016）的研究中。该研究详细分析了甜高粱不同阶段的能耗和排放，在种植阶段比较了内蒙古、山东、新疆和海南的甜高粱种植，在甜高粱发酵阶段比较了固态发酵工艺和液态发酵工艺，在酒糟利用阶段比较了不同的副产品方案。最后，该研究选取不同阶段能耗和 GHG 排放绩效较优的路线加以整合（甜高粱种植地设计为山东能耗较低、环境影响较小的甜高粱种植区域，甜高粱乙醇的转化工艺设计为固态发酵工艺，且酒糟处理采用热电联产工艺），从而得出目前观察值中最低的甜高粱全生命周期化石能耗结果。

5）甘薯燃料乙醇

甘薯燃料乙醇观察值较少，仅有三例。全生命周期 GHG 排放为 79.5～147.1 gCO$_2$-eq/MJ。柴沁虎（2005）分析认为 2005 年甘薯乙醇的全生命周期化石能耗（1.46 MJ/MJ）相对较高，但是随着种植技术的提升，2030 年甘薯乙醇全生命周期化石能耗可降低至 0.81 MJ/MJ 的水平。申威（2007）对甘薯乙醇生命周期化石能耗的分析为在 2020 年达到约 0.87 MJ/MJ。

6）甘蔗燃料乙醇

我国甘蔗燃料乙醇生命周期 GHG 排放相关研究相对较少，目前收集到的观察值仅有两例，且全部源自柴沁虎（2005）的研究。全生命周期 GHG 排放为 95.9～135.4 gCO$_2$-eq/MJ。

7）纤维素乙醇

全生命周期 GHG 排放为–5～51 gCO$_2$-eq/MJ。欧训民和张希良（2011）与冯文生（2013）均给出了全生命周期化石能耗为负值的研究结论，他们的主要假设是纤维素乙醇转化工艺已相对成熟，且副产品可进行优化分配。Zhao 等（2016）基于过程工程的先进系统（advanced system for process engineering，ASPEN）仿真模型对以玉米秸秆为原料生产纤维素乙醇的工艺进行了较为细致的分析。根据该研究，即使考虑相对成熟的纤维素乙醇生产技术，其生产过程中仍然存在一定的化石能源消耗，全生命周期化石能耗为 0.31～0.36 MJ/MJ。主要原因是纤维素乙醇转化过程需要投入大量化工产品作为原料，这些化工原料的隐含能耗相对较高。

8）废弃油脂生物柴油

全生命周期 GHG 排放为 5.9～85.4 gCO$_2$-eq/MJ。柴沁虎（2005）在评价废弃油脂生物柴油技术路线时，认为其化石能源消费量较高，主要原因是该研究考虑的是 2005 年前后废弃油脂生物柴油的生产情景：地沟油收集非常分散，且预处理多采用效率极低的低温蒸煮的方法实现油杂分离。申威（2007）也考虑了用燃煤锅炉为废弃油脂的蒸煮处理和酯化反应提供热能的情景，分析认为废弃油脂生物柴油化石能源消耗主要集中在燃料生产阶段。该研究提出如果能够扩大生物柴油工厂的生产规模，使用较为先进和节能的锅炉设备，过程能源消耗水平将有可能大幅度下降。

9）大豆生物柴油

全生命周期 GHG 排放为 17.8～185 gCO$_2$-eq/MJ。柴沁虎（2005）认为采用国产大豆来制取生物柴油时，全生命周期化石能耗约为 1.98 MJ/MJ，比采用美国进口大豆（1.05 MJ/MJ）要高很多。原因是国产大豆产量略低，而且农用化学品投入明显高于美国平均水平。在采用国产大豆为原料的分析中，董进宁和马晓茜（2007）对大豆生物柴油全生命周期化石能耗评价是最为乐观的，该研究考虑了大豆秸秆用于发电的情形，且假设秸秆发电供给的电量折算为等价标准煤并完全供给于大豆油生物柴油生命周期过程中的能源消耗。该研究得出 1 kg 生物柴油全生命周期化石能耗为 1.042 kgce（0.78 MJ/MJ）。柴沁虎（2005）考虑了 2030 年大豆生物柴油的全生命周期化石能耗，并给出了化石能耗大幅降低的结论。

10）小桐子生物柴油

全生命周期 GHG 排放为 18.3～91.5 gCO$_2$-eq/MJ。全生命周期化石能耗最大值 0.99 MJ/MJ 由柴沁虎（2005）给出，最小值 0.2 MJ/MJ 由杨江（2012）给出。杨江（2012）的研究仅考虑了生产 1 t 生物柴油的直接能源消耗，未考虑小桐子种植过程中化肥等化学材料所隐含的能源消耗，结论相对乐观。

11）油菜籽生物柴油

我国对油菜籽生物柴油生命周期能耗和 GHG 排放的研究较少。柴沁虎（2005）给出 2005 年和 2030 年油菜籽生物柴油全生命周期 GHG 排放分别为 52.3 gCO$_2$-eq/MJ 和 105.76 gCO$_2$-eq/MJ。

12）黄连木生物柴油

全生命周期 GHG 排放为 34.9～59 gCO$_2$-eq/MJ，共收集到四例观察值。其中，全生命周期化石能耗最大值 0.7 MJ/MJ 由柴沁虎（2005）给出，最小值由李宏刚（2006）给出。李宏刚（2006）的研究中提到对河北某生物柴油公司进行调查，该公司在黄连木的实际种植过程中，种植和收获果实的工作都是雇用当地农民来完成，且黄连木在耐贫瘠土壤上生长，生长过程中基本不施肥也很少使用杀虫剂等农药，所以黄连木种植阶段的化石能耗投入可基本不加考虑。

13）文冠果生物柴油

仅收集到一例观察值，由申威（2007）给出。该研究给出的 2030 年以文冠果为原料的生物柴油情景中，全生命周期 GHG 排放约为 76.5 gCO$_2$-eq/MJ。

14）光皮树生物柴油

全生命周期 GHG 排放为 26.7～44.8 gCO$_2$-eq/MJ，来自三例观察值，由柴沁虎（2005）和申威（2007）给出。

15）微藻生物柴油

收集到的微藻生物柴油的观察值较少。张庭婷（2014）的研究对象是基于开放式跑道池培养微藻。该研究提出微藻生产过程每公顷微藻（干重）的得率约为 54.8 t，需消耗 10 L 的柴油及 148.9 GJ 的电，同时每获得 1 kg 微藻需消耗硝酸盐 359.74 kg，磷酸盐 52.969 kg，硫酸盐 47.526 kg。该研究给出，微藻生物柴油全生命周期化石能耗为 3.375 MJ/MJ，远高于传统柴油。

16）秸秆 F-T 合成油

收集到三例在我国开展秸秆 F-T 合成油全生命周期的观察值。全生命周期 GHG 排放为 3.6～6.7 gCO$_2$-eq/MJ。根据 Chang 等（2013）的研究，F-T 合成油生产过程能耗较高，但是参照 van Vliet 等（2009）和 Sunde 等（2011）的研究，化石能耗仅占能源消费总量的 5%，因此，全生命周期化石能耗与 GHG 排放绩效较优。

17）废弃油脂生物航空燃料

收集到的观察值有两例，均来自 Chang 等（2013）的研究。全生命周期 GHG 排放为 23.1～32.9 gCO$_2$-eq/MJ。

18）小桐子生物航空燃料

收集到的有关在我国生产小桐子生物航空燃料的研究非常少，仅收集到两例观察值，均来自 Chang 等（2013）的研究。两例观察值的差异体现在是否考虑副产品分配。如果不考虑副产品分配，全生命周期 GHG 排放约为 87 gCO$_2$-eq/MJ；

如果考虑副产品分配，全生命周期 GHG 排放约为 54.83 gCO_2-eq/MJ。该研究认为，在小桐子加氢生产生物航空燃料的过程中，小桐子种植阶段的化石能耗相对较高，主要原因是小桐子种植过程中需要投入一定量的化肥，且化肥投入强度在小桐子生长前 3～5 年相对较高。

19）微藻生物航空燃料

收集到的观察值有三例，其中一例来自 Ou 等（2013）的研究，另外两例来自 Chang 等（2013）的研究。全生命周期 GHG 排放为 97.88～187.6 gCO_2-eq/MJ。全生命周期化石能耗最小值来自 Chang 等（2013）的研究，是在考虑微藻副产品分配的基础上得出的。

2. 生物质发电

1）生物质直燃发电

生物质直燃发电的全生命周期 CO_2 排放为 26～135 g/（kW·h）。少量研究给出了生物质直燃发电全生命周期 CO_2 排放为负的结论，主要原因是研究者考虑了生物质燃料的不完全燃烧，使得生物质生长过程吸收的 CO_2 高于燃烧过程排放的 CO_2。例如，冯超和马晓茜（2008）的研究结果认为，100 kg 水稻秸秆在直燃发电过程中共从环境吸收 167.60 kg CO_2，向环境释放 164.24 kg CO_2，吸收量要略高于排放量。刘俊伟等（2009）、何珍等（2008）也给出了相似结论。

部分研究给出了生物质直燃发电的 GHG 排放结果，区间为 21～143 gCO_2-eq/（kW·h）。GHG 排放中以 CO_2 排放为主，占比为 91%～94%。

2）生物质气化发电

目前收集到的生物质气化发电（包括生物质气化联合循环发电）的研究大多出自中国科学院广州能源研究所。他们的研究不仅考虑了使用农业剩余物作为原料，也考虑使用林木作为原料，例如，红松、冷杉、云杉和栎木（何珍等，2006，2008）。刘华财等（2015）对 1 MW 和 5.5 MW 生物质气化发电系统 GHG 排放开展了 LCA 分析，研究得出输出 1 GJ 电力所造成的 GHG 排放分别为 49.8 kg CO_2-eq 和 40.4 kg CO_2-eq [为 145～179 gCO_2-eq/（kW·h）]。华北电力大学的崔和瑞和艾宁（2010）开展的生物质气化发电的研究显示，每发电 10 000 kW·h 全生命周期的 CO_2 排放为 0.47 t [约合 47 g/（kW·h）]。

3）生物质热裂解发电

廖艳芬等（2004）分析了以秸秆为原料热裂解发电技术的全生命周期 CO_2 排放。该研究考虑的工艺过程为生物质流化床热裂解，产物中的生物油经冷凝装置、预处理系统后进入燃油锅炉燃烧发电，同时，副产物焦炭和可燃气体一起进入流化床供热系统中燃烧，提供裂解所需要的能量。其结论为生物质热裂解发电的全生命周期 CO_2 排放为 143.4 gCO_2/（kW·h）。由于流化床热裂解工艺要求物料尺寸较小，粉碎过程能耗较高，因此，相较于生物质直燃发电和生物质气化发电，其 GHG 排放较高。

3. 生物质供热

用于供热的生物质成型燃料全生命周期 GHG 排放为 5.6～10.9 gCO$_2$-eq/MJ，评价结果相对比较接近。一些研究考虑了生物质成型燃料的运输以及终端燃烧利用。如果考虑这两个环节，全生命周期 GHG 排放将有一定提高。例如，宋世忠（2017）考虑燃料燃烧的热量损失可达 0.05 MJ/MJ，燃料燃烧的热量损失约占全生命周期 GHG 排放的 32%，这表明更高效的炉具和锅炉有利于提高全生命周期排放绩效。霍丽丽等（2011）考虑了生物质成型燃料供温室大棚使用中，炉具配套电机需要消耗的电能。

4. 生物质能全生命周期 GHG 减排量

总体来看，①以秸秆等农林业剩余物为燃料的生物质发电技术，相比燃煤发电技术具有较好的全生命周期 GHG 排放绩效，减排率可达 81%～98%［图 2-2（a）］；②以秸秆等农林业剩余物为燃料的生物质供热技术，相比燃煤供热技术具有较好的全生命周期 GHG 排放绩效，减排率可达 89%～95%［图 2-2（b）］；

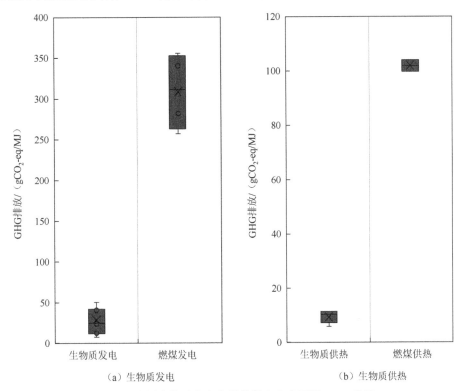

（a）生物质发电　　　　　　　　　　（b）生物质供热

图 2-2　我国生物质发电和供热的全生命周期 GHG 排放

③以农林业剩余物为主要原料的 2 代纤维素乙醇，具有较好的全生命周期 GHG 排放绩效，相比汽油的减排率可达 44%～100%；④以玉米、小麦等为原料的 1 代生物燃料和以木薯、甜高粱等非粮淀粉、非粮糖类能源作物为原料的 1.5 代生物燃料，全生命周期 GHG 排放不确定性较大，相比汽油的减排率在–85%到 84%，需要根据技术的不同生命周期场景进行详细评价 [图 2-3（a）]；⑤以废弃油脂为原料的生物柴油，具有较好的全生命周期 GHG 排放绩效，相比柴油的减排率为 8%～94%；⑥以小桐子等木本油料植物和以大豆等油料作物作为原料生产的生物柴油普遍具有较好的全生命周期 GHG 排放绩效，相比柴油的减排率在–20%到 83%，具有一定的不确定性，需要根据技术的不同生命周期场景进行详细评价 [图 2-3（b）]。

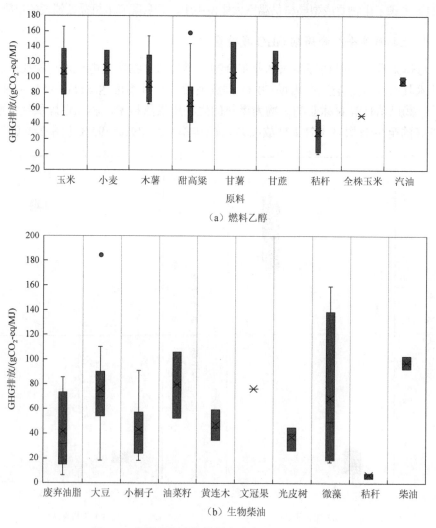

图 2-3　我国生物液体燃料全生命周期 GHG 排放

2.2.3　讨论

生物质能全生命周期化石能耗和 GHG 排放需要基于不同的原料、技术、时间和空间等生命周期所处场景进行详细分析。以下围绕关键要素对我国不同生物质能技术的具体情况进行讨论。

1. 系统边界

在系统边界设定上，国内研究间差异主要体现在两个方面。一是如何核算基础设施建设和机械设备制造过程 GHG 排放；二是如何考虑农林业剩余物的 GHG 排放。

在如何核算基础设施建设和机械设备制造过程的 GHG 排放方面，大部分研究认为这部分排放对于全生命周期总排放影响较小，可以排除在系统边界之外。也有学者对这部分排放加以考虑。例如，田望等（2011）考虑了乙醇工厂建设的排放，估算基础设施建设过程产生的 GHG 排放约占纤维素乙醇总排放的 10%；郭敏晓（2012）考虑了农机、运输工具等设备制造过程的排放，估算这部分排放约占生物质直燃发电总排放的 2%。

在如何考虑农林业剩余物隐含 GHG 排放方面，有些研究将秸秆在种植阶段排放的 GHG 纳入到了核算边界内。例如，霍丽丽等（2011）在生物质成型燃料 LCA 研究中采用基于能量的分配法，将种植阶段的能量投入按照 7：3 的比例分配给玉米和玉米秸秆，估算出秸秆的排放约占原料种植阶段排放的 30%；田望等（2011）在玉米秸秆纤维素乙醇 LCA 研究中，按照基于市场价值的方法将种植阶段的能耗以 90.4：9.6 的比例分配给玉米和玉米秸秆。还有些研究未考虑秸秆的 GHG 排放。例如，赵兰等（2010）对秸秆沼气集中供气和秸秆成型燃料的 LCA 研究中都未考虑秸秆的隐含排放；朱金陵等（2010）在生物质成型燃料 LCA 研究中也未考虑秸秆的隐含排放。

2. 原料

生物质能全生命周期化石能耗和 GHG 排放具有较强的原料异质性，会随着生物质原料的不同而产生较大差异。原料的影响主要体现在单位原料化石能耗投入的差别上，这一差别又主要体现在区域、种植模式等方面。

1）区域差异

由生物质原料生长区域不同所导致的原料产量和农化产品投入量的不同，会在很大程度上影响生物质能 LCA 研究结果。例如，在玉米燃料乙醇的研究中，丁文武等（2010）给出的安徽玉米产量为 4153 kg/hm²，每公顷氮肥投入量达 226.93 kg，即单位玉米的氮肥投入量为 0.055 kg/kg；而冯文生（2013）给出的玉米产量为 7400 kg/hm²，每公顷氮肥投入量为 156.9 kg，即单位玉米的氮肥投入量为 0.02 kg/kg，两者仅此一项就相差 50% 以上。在甜高粱燃料乙醇全生命周期 GHG 排放分析中，在不同区域种植的甜高粱，其产量和化肥投入量都有较大差异，如表 2-3 所示。

表 2-3　不同区域甜高粱产量、化肥投入量与甜高粱燃料乙醇全生命周期 GHG 排放比较

区域	甜高粱产量/（t/hm²）	氮肥投入量/（kg/hm²）	磷肥投入量/（kg/hm²）	钾肥投入量/（kg/hm²）	GHG 排放/（gCO₂-eq/MJ 乙醇）	参考文献
内蒙古	60	600	105	—	93.23（61.24）	田宜水等（2011）
山东北部	59.9	211.4	63.2	54	75.75（40.20）	高慧等（2012）
黑龙江东部	52.5	45.8	27.3	15.8	73.97（35.24）	高慧等（2012）
新疆中部	67.4	126.9	67.7	13	64.81（42.05）	高慧等（2012）
海南	67.7	131.1	30.5	70.1	65.67（28.17）	高慧等（2012）

注：GHG 排放一列括号内是考虑副产品分配后的数值

2）种植模式差异

种植过程中化肥施用方式和农用机械使用方式等的不同会对生物质原料 GHG 排放产生一定影响。例如，汪峰（2012）在对木薯乙醇开展 LCA 研究时，分析了同一区域不同种植模式的五种情景（表 2-4），结论是粗放型种植模式比集约型种植模式可能具有更好的能效和 GHG 排放绩效。采用大量化肥施用与物料投入的集约型种植模式，虽有助于提高产量，但是当产量提高的优势不足以抵消化石能源投入增加的劣势时，整体表现就会呈现为能耗与 GHG 排放增加。

表 2-4　木薯乙醇五种种植模式及全生命周期化石能耗和 GHG 排放

情景	种植模式	土地类型	化肥施用	收获类型	能耗/（MJ/MJ 乙醇）	排放/（gCO₂-eq/MJ 乙醇）
基准情景	粗放型种植	坡地	低肥	人工	0.78	65.97
情景 1		平地	低肥	人工	0.77	65.22
情景 2		坡地	高肥	人工	0.80	70.08
情景 3	集约型种植	平地	高肥	人工	0.79	69.23
情景 4			高肥	机械	0.83	73.51

也有一些研究对木本油料植物，如小桐子、黄连木等的分析得出了相似的结论。例如，李宏刚（2006）调研河北某生物柴油公司时发现，在黄连木种植中基本不施肥，很少使用杀虫剂等农药，种植和收获果实的工作也都是雇用当地农民来完成，因此，无须考虑种植过程中的能耗。但是，从近些年我国木本油料植

物种植示范点的一些经验来看，想要获得稳定的原料供应，还是需要对木本油料植物的种植进行规范化管理，适当的机械和肥料的投入是不可避免的。吴伟光（2009）分析小桐子种植成本时发现，植物生长不同阶段的化肥投入是不同的。例如，对于适宜种植土地，种植期、初产期（2~3 年）、盛产前期（4~5 年）和盛产期（6 年及以上）肥料用量分别为 9.9 kg、1.4 kg、1 kg 和 10 kg，因此需要从整个生命周期进行分析，而不是某一个生长阶段。正如李胜（2005）所说，农业生态系统是由人所控制和管理的生态系统，因而其能量流动特征就不同于自然生态系统。人对农业生态系统的调控和管理（如对农田的耕作、除草和施肥等），实质上是对农业生态系统施加除太阳能以外的其他附加能量，这些附加的能量输入，不但对农作物转化太阳能为生物质中的化学能的过程产生很大的影响，同时也控制着这些化学能的进一步转化和分配。

3. 技术工艺

燃料转化阶段的化石能耗和 GHG 排放在全生命周期中的比重较大，因此，采用不同的生产工艺过程对生物液体燃料全生命周期化石能耗和 GHG 排放具有一定的影响。李光明（2016）对比分析了甜高粱乙醇生产的固态发酵工艺和液态发酵工艺。其中，液态发酵工艺采用压榨设备对甜高粱秸秆进行榨汁，汁液浓缩和澄清后，向汁液中接入酿酒酵母进行发酵，发酵成熟的醪液经蒸馏、精馏和分子筛脱水后得到无水乙醇；而固态发酵工艺是将甜高粱秸秆粉碎后不加处理直接接入酿酒酵母发酵，对发酵后的成熟酒醅进行固态蒸馏和后续提纯制备无水乙醇。研究结论认为，固态发酵工艺较液态发酵工艺的全生命周期化石能耗约低 11%（表 2-5）。李胜等（2007）的研究认为，生产 1 t 小麦燃料乙醇，旧工艺与新工艺相比在燃料转化阶段能耗相差近 30%（表 2-6）。董丹丹等（2008）对比分析了木薯乙醇生产的两种不同工艺，分析发现旧工艺比新工艺的全生命周期化石能耗高出将近 0.87 MJ/MJ（表 2-7）。

表 2-5　甜高粱乙醇固态发酵与液态发酵工艺比较　　　单位：MJ/MJ

工艺	单元	能耗	合计
固态发酵	粉碎	4.58	21.93
	发酵	1.9	
	固态蒸馏	9.32	
	精馏提纯	6.13	
液态发酵	压榨	7.68	24.64
	乙醇提取	16.96	

资料来源：李光明（2016）

表 2-6　生产 1 t 小麦燃料乙醇所耗能量

工艺	蒸汽/t	电/（kW·h）	水/t	燃料转化阶段能耗/MJ	全生命周期化石能耗/（MJ/MJ）
旧工艺	4.7	350	63	24 563	1.57（0.92）
新工艺	3.5	330	20	18 923	1.4（0.62）

资料来源：李胜等（2007）

注：括号内是考虑副产品分配后的数值

表 2-7　木薯乙醇新旧工艺比较

工艺	蒸煮液糖化	酵母发酵	蒸馏	脱水	废醪处理	全生命周期化石能耗/（MJ/MJ）
陈旧技术	135℃高温蒸煮	酒度为8%左右的稀醪发酵	常压蒸馏	乙二醇萃取或环己烷共沸法	直排或先厌氧后好氧处理	1.71
适宜推广新技术	双酶法85℃的低温蒸煮	酒度为10%以上的浓醪发酵	差压蒸馏	分子筛法	玉米：酒精废醪液生产全干燥蛋白饲料　木薯：全醪发酵生产沼气	0.84

资料来源：董丹丹等（2008）

4. 副产品分配方法

在生物质能产品生产过程中，将 GHG 排放部分地分配给其副产品，可以在一定程度上降低生物质能产品本身的排放水平，从而提高相对于化石能源参考系统的减排绩效。是否考虑副产品分配以及采用哪种方法对副产品进行分配，对生物液体燃料生命周期化石能耗与 GHG 排放结果影响较大（图 2-4）。例如，戴杜

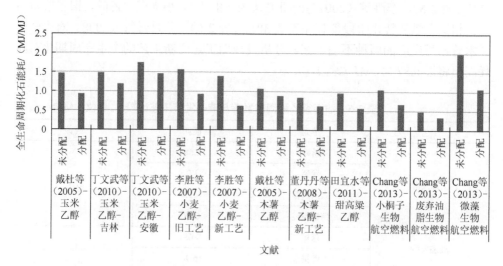

图 2-4　生物液体燃料是否考虑副产品分配的全生命周期化石能耗比较

等（2005）考虑玉米乙醇和木薯乙醇的副产品包括植物油、DDGS 和 CO_2，对玉米乙醇的副产品植物油和 DDGS 采用市场价值法进行分配，分配后的乙醇相对于不进行副产品分配时 GHG 排放下降 36.7%。冯文生（2013）调研天冠集团 1 万 t/a 纤维素乙醇产业化示范线试验数据显示，1 kg 秸秆原料燃料乙醇同时副产 2.5 kg 木质素燃料和 0.24 m^3 甲烷，以木质素为纤维素乙醇生产供应能源可满足整个系统的能量需求。侯坚（2010）将生物柴油生产过程 GHG 排放在生物柴油和副产品甘油之间进行能量分配，分配后的 GHG 排放降低 4.4%。

5. 数据质量

生物质能 LCA 研究中，数据质量是一个十分重要的问题。一些关键的参数对整体评价结果起到十分关键的作用。例如，本章提到不同研究中玉米单位面积产量和氮肥投入量的差异，导致玉米乙醇 LCA 结果差异较大。在已综述的研究文献中，生物质发电和供热大多基于已有的产业项目来开展研究，生物液体燃料仅有少量技术具有产业基础，因此，在生物液体燃料的研究中，很多研究是基于模型模拟数据或经验判断数据，评价结论还有待进一步验证和分析。例如，张庭婷（2014）对微藻生物柴油的研究明确指出，由于国内外尚无大规模的产业化基础，故将实验室小试规模的数据用于假设微藻的生长率、脂肪含量及营养需求等，同时采取与专家交流等形式获得相关信息。

胡志远等（2004a）讨论了数据质量的问题，他们将数据分为测算数据、模拟数据和非测算数据三类，并提出了一套数据质量评价的方法。他们认为可以按一定规则把数据的质量等级分为 1～5 级，根据质量等级进行打分，每个数据质量评价指标将对应一个质量得分，分数越高表明数据的质量越好。他们设定数据的每项质量得分大于等于 3 为可接受的合格数据，当数据的某项质量得分小于 3 时，则认定数据为不合格，需要及时进行替换。表 2-8 为该研究所提供的评价打分体系。

表 2-8　数据质量评价

评价指标	质量得分				
	5	4	3	2	1
可靠性	已验证测量数据	已验证假设数据 未验证测量数据	未验证假设数据	经专家评估数据	未经专家评估数据
完整性	合格期限 充足样本点	合格期限 少量样本点	较短期限 合适样本点	合格期限 较少样本点	较短期限 少量样本点
时间相关性	<2a	<4a	<8a	<12a	未知
地理相关性	研究地域	包含研究地域	相似地域	部分相似地域	未知地域

资料来源：胡志远等（2004a）

是否能获得足够高质量的数据，既与研究者开展研究的细致度与规范度有关，也与数据的可获得性有关。在缺少一定产业运行或者示范基础的情况下，一些学者尝试采用一些模拟分析方法来体现其评价的不确定性。例如，Yu 和 Tao（2009）、Tu 和 McDonnell（2016）等结合蒙特卡罗分析对全生命周期分析参数的不确定性进行了模拟。

2.3　生物质能生命周期 GHG 排放的规范与管理[①]

对生物质能生命周期 GHG 排放进行核算，有助于识别不同生物质能技术对气候变化的影响，更好地促进生物质能可持续生产和利用。对生物质能生命周期 GHG 排放的规范，通常体现在生物质能可持续性政策或者标准体系下。

如何科学地定义和衡量生物质能可持续性是生物质能研究领域的重要议题之一。生物质能可持续性并不是一个全新的议题，保障能源安全、减缓 GHG 排放和促进农业发展等是全球生物质能规模化发展的主要推动力量。但是近年来生物质能产业发展过程中遇到的实际问题，使这一议题不断面临新的挑战，存在很大争议。例如，生物燃料的快速发展是否为导致 2008 年全球粮食危机的主要因素（Senauer，2008；Ajanovic，2011）；巴西甘蔗乙醇生产是否会对亚马孙流域造成环境影响（Gao et al.，2011；Nepstad et al.，2008）；全球生物燃料生产是否会诱发大规模天然林采伐，从而导致碳排放量增加（Searchinger et al.，2008；Melillo et al.，2009）等问题。

2.3.1　国际生物质能可持续政策和标准

为了避免生物质能以不可持续的方式生产和利用，对环境、经济和社会产生负面影响，很多国家、地区或组织都对生物质能自身的可持续性提出了要求，这些要求大致体现为政策法规、认证标准和自愿标准三种类型（表 2-9）。

表 2-9　国际生物质能可持续政策和标准

名称	发布单位	发布年份	适用的地域范围	适用的原料	适用的生物质能	类型
生物燃料全生命周期评价条例（Biofuels Life Cycle Assessment Ordinance，BLCAO）	瑞士联邦政府环境、交通、能源与通信部	2009	瑞士（包括进口）	所有类型	所有类型生物燃料	政策法规

① 本节主要内容可参考：常世彦，康利平. 2017. 国际生物质能可持续发展政策及对中国的启示[J]. 农业工程学报，33（11）：1-10. 出版时有一定改动。

续表

名称	发布单位	发布年份	适用的地域范围	适用的原料	适用的生物质能	类型
Bonsucro 欧盟生产标准	更好的甘蔗倡议（Better Sugarcane Initiative，Bonsucro）	2010	全球	甘蔗	燃料乙醇	认证标准
生物质能可持续性认证要求	中国国家认证认可监督管理委员会	2018	中国	所有类型	所有类型	认证标准
FSC 森林管理原则和标准	森林管理委员会（Forest Stewardship Council，FSC）	1994	全球	以森林产品为主	所有类型生物燃料	认证标准
GBEP 生物质能可持续指标	全球生物能源伙伴关系（Global Bioenergy Partnership，GBEP）	2011	全球	所有类型	所有类型	自愿标准
国际可持续发展和碳认证	ISCC	2010	全球	所有类型	所有类型	认证标准
生物质能可持续性标准	ISO	2015	全球	所有类型	所有类型	自愿标准
LCFS	加利福尼亚州空气资源委员会	2010	美国加利福尼亚州	所有类型	所有类型生物燃料	政策法规
北欧生态标签	北欧国家	2008	北欧国家	所有类型	所有类型生物燃料	认证标准
RED	欧盟	2009	欧盟（包括进口）	所有类型	交通用生物燃料和其他生物液体燃料	政策法规
可再生燃料标准 II（Renewable Fuel Standard II，RFS II）	美国环境保护署	2010	美国（包括进口）	所有类型	所有类型生物燃料	政策法规
RSB 全球/欧盟 RED 认证标准	RSB	2010	全球/欧盟	所有类型	生物液体燃料	认证标准
可持续棕榈油生产原则和标准	可持续棕榈油圆桌倡议组织（Roundtable on Sustainable Palm Oil，RSPO）	2007	全球	棕榈油	生物柴油	认证标准
可再生运输燃料义务	英国运输部	2008	英国	所有类型	所有类型生物燃料	政策法规
负责任大豆圆桌会议原则和标准	负责任大豆圆桌会议（Round Table on Responsible Soy，RTRS）	2010	全球	大豆	生物柴油	认证标准
经核查的可持续乙醇倡议	SEKAB（一家瑞士企业）	2008	巴西圣保罗地区（生产）/瑞典（分销）	甘蔗	燃料乙醇	认证标准
社会燃料标识	巴西土地发展部	2009	巴西	所有类型	生物柴油	政策法规

资料来源：BEFSCI（2011），GBEP（2011），ISO（2015）

（1）政策法规。欧盟 RED 是具有法律效力的政策法规，以准则的形式对生物质能应满足的可持续性提出了强制性要求。美国环境保护署出台的 RFS Ⅱ 不仅设置了促进可再生生物燃料掺混的强制性目标，同时也对燃料的 GHG 排放等重要可持续指标提出了门槛限值。

（2）认证标准。生物质能可持续性认证在全球生物质能可持续评价和监管中扮演着越来越重要的角色（Scarlat and Dallemand，2011）。根据 van Dam 等（2010）的统计，目前全球至少有 67 项可持续生物质能相关认证。由于生物质能链条较长，且资源和技术种类丰富，认证类型也十分多样。有基于已有的特定生物质原料认证扩展而来的，例如，致力于促进甘蔗可持续生产和利用的 Bonsucro 认证（前身是蔗糖改进倡议认证）、促进棕榈油可持续生产和利用的 RSPO 的认证和 FSC 的认证等，也有涵盖范围较广的认证，如 ISCC 和 RSB 的生物质能认证。这些认证机构大都提出了各自的认证要求，在适用范围、认证原则、准则和指标以及认证方法等方面进行了具体规定（表 2-9）。此外，由于政策法规具有较强的约束力，很多认证机构都根据特定区域的政策法规开发了专用的认证标准。例如，RSB 在自己原有的全球认证标准（RSB Global Certification）的基础上开发了专用于欧盟 RED 的认证标准（RSB EU RED Certification）。ISCC 可以针对各种不同的生物质能原料和燃料在不同的市场提供认证，例如，ISCC EU 是欧盟委员会认可的生物质能可持续认证体系，ISCC Japan FIT 是日本经济产业省认可的再生电力可持续认证体系。

（3）自愿标准。GBEP 是包括 23 个国家和 16 个国际组织的国际组织，它制定了一套可持续生物质能指标，用于帮助各成员国政府和国际组织建立对生物质能可持续性的共识，这些指标并不设定门槛或限制，也不对全球生物能源伙伴关系成员构成法律约束（GBEP，2011）。ISO 在 2015 年发布了《生物质能可持续性标准》，旨在为利益相关者提供一个可以共同解读"可持续性"的框架结构（ISO，2015）。该标准也不设定指标阈值，仅对各国的生物质能可持续生产、使用和贸易提供参考性建议。

2.3.2　生物质能可持续准则和指标

可持续发展是既能满足当代人的需求而又不对满足后代人需求的能力构成危害的发展（World Commission on Environment and Development，1987）。经济、社会和环境是可持续发展的三大支柱，这也成为生物质能可持续研究的主要维度（UN，2007；Jin and Sutherland，2016）。不同生物质能可持续性政策和标准对促进经济、社会和环境可持续发展的核心理念是基本一致的，但由于出发点和目标不同，侧重点会有所不同。例如，BLCAO、RSF Ⅱ 和 LCFS 更着重考虑生物质能的环境影响，并未考虑粮食安全等社会经济方面影响。联合国粮食及农业组织（Food and Agriculture Organization of the United Nations，FAO）则更关心生物质能对粮食安全的影响，启动了生物质能和粮食安全项目，开发了一系列的标准、指标、最优实践和政策选择，支持各国生物质能可持续发展，并在 GBEP 生物质能可持续指标中牵头负责社会维度的指标构建。在 Bonsucro 等以生物质原料为主的认证标准中，经济和社会维度的内容相对较多（表 2-10）。每项政策或标准对同一维度的覆盖深度也不尽相同。FAO（2012）将粮食安全定义为粮食供给性、粮食可获取性、粮食利用性和粮食稳定性四个方面，ISCC 的指标涉及三个方面，而Bonsucro、RTFO 等仅涵盖其中一个方面。

表 2-10　生物质能可持续政策和标准覆盖的主要内容

名称	环境						社会与经济		
	生态系统保护	水资源节约和保护	土壤质量和生产力保护	空气质量保护	GHG排放	废弃物管理	粮食安全	农村和社会发展	其他
BLCAO	√	√	√	√	√	√			
Bonsucro 欧盟生产标准	√	√	√	√	√	√	√	√	√
生物质能可持续性认证要求	√	√	√	√	√	√	√	√	√
FSC 森林管理原则和标准	√	√	√			√	√	√	√
GBEP 生物质能可持续指标	√	√	√	√	√	√	√	√	√
国际可持续发展和碳认证	√	√	√	√	√	√	√	√	√
生物质能可持续性标准	√	√	√	√	√	√	√	√	√
LCFS									√
北欧生态标签	√			√	√		√	√	√
RED	√	√	√	√	√	√			√
RFS Ⅱ	√		√	√	√	√			√
RSB 全球/欧盟 RED 认证标准	√	√	√	√	√	√	√	√	√
可持续棕榈油生产原则和标准	√	√	√	√	√	√	√	√	√
可再生运输燃料义务	√	√	√	√	√	√		√	√

名称	环境						社会与经济		
	生态系统保护	水资源节约和保护	土壤质量和生产力保护	空气质量保护	GHG排放	废弃物管理	粮食安全	农村和社会发展	其他
负责任大豆圆桌会议原则和标准	√	√	√	√	√	√	√	√	√
经核查的可持续乙醇倡议	√	√	√		√				√
社会燃料标识			√				√	√	

资料来源：BEFSCI（2011），GBEP（2011），ISO（2015）

注：其他包括就业、性别平等、居民健康等方面

　　可持续政策和标准一般由原则（principles）-准则（criteria）-指标（indicators）三个层级构成（Rimppi et al.，2016）。ISO 的《生物质能可持续性标准》中对原则、准则和指标进行了解释：原则体现的是理想目标，而准则和指标负责对可持续性的内涵进行具体化以及提供需要的信息。表 2-11 中给出了生物质能主要可持续性准则和指标示例。由于可持续性本身的内涵非常丰富，开发适当的准则和指标就成为将可持续性要求落实到行动层面的关键（McBride et al.，2011）。GBEP 可持续生物质能工作组围绕环境、社会和经济三个维度提出了 24 项可持续指标，RSB 提出了 12 项原则和 37 项准则。一些学者也对生物质能可持续性评价适用的指标进行了探讨，如 McBride 等（2011）着重就环境维度提出了 19 项指标，Dale 等（2013）着重就社会和经济维度提出了 16 项指标。表 2-11 对这些准则和相应的指标进行了系统梳理和分类。值得强调的是，环境、社会和经济这三个维度内涵本身并不是完全泾渭分明，存在大量交叉融合的地方。Chong 等（2016）曾对三个维度间的关系专门进行过研究，并定义环境与经济交叉部分为环境效率（eco-efficiency），主要涵盖土地利用、能源和污染物管理；社会与经济的交叉部分为社会经济（socio-economic），主要涵盖就业和能源安全等；社会与环境的交叉部分为社会环境（socio-environment），主要涵盖环保的社会效应以及法制方面。

表 2-11　生物质能主要可持续性准则和指标

维度	准则	指标示例
环境	GHG 平衡	GHG 排放
	土壤保护	总有机碳；总氮量；可溶磷；土壤容重
	水资源管理	水质：硝酸盐浓度；总磷浓度；悬浮沉积物浓度；除草剂浓度
		水资源利用效率：实际总的可再生水资源的百分比；年度总取水量的百分比；单位生物质能产量耗水量

续表

维度	准则	指标示例
环境	空气	污染物排放：生物质能生产全生命周期的大气污染物（SO_2、NO_x 等）排放量
		空气质量：对流层臭氧浓度；CO 浓度；$PM_{2.5}$ 浓度；PM_{10} 浓度
	生物多样性	国家认定的高生物多样性或关键生态系统转化为生物能源生产的面积和比例；国家认定的入侵物种（按风险类别）种植土地用于生物能源生产的面积和比例；国家认定的用于生物能源生产的且使用保护方法的土地面积和比例
	生产力	地上净初级生产力
	土地利用变化	用于生物能生产的土地总面积占全国总面积的比例；用于生物能生产的土地总面积占农业土地和森林管理区域面积的比例；生物质能从产量增加、剩余物、废弃物、降解或污染土地获得的百分比；由生物质能生产直接导致的土地利用年净转换率
社会	社会参与和接受程度	公众舆论好评率；绩效评价透明度；有效的利益相关者参与度；灾难性事件发生的概率
	符合法规[1]	符合本国相关的法律条款与政策文件；符合国际相关的法律规范及政府间协议
	粮食安全	食物、饲料和纤维等的需求变化；食品进口和出口的变化；由天气条件引起的农业生产变化；由石油和其他能源价格导致的农业成本变化；粮食价格波动
	尊重人权和劳动权	苦役数量
	改善生活水平	生物质能生产相比其他部门的工资；销售、交换、自用生物质能产品的净收入；增加的使用现代生物质能的家庭和商业的总量与比例；由传统生物质能使用到现代生物质能使用所节省的妇女和儿童用于生物质收集的平均时间
	健康影响	室内烟雾导致的发病率和死亡率
经济	盈利性	项目层面的投资回报率和净利润；生物质能获利对当地经济的贡献率
	能源安全	燃料价格波动；生物质能基础设施与物流的数量和产能；生物质能产能利用率及产能利用灵活性；生物质能利用带来的一次能源供应变化
	就业	生物质能生产带来的净增就业量
	贸易	进出口总量和比例

资料来源：GBEP（2011），McBride 等（2011），Dale 等（2013）

1）尚无可量化指标

全生命周期 GHG 排放是生物质能可持续性评价的重要指标。GBEP 提出的 24 项可持续性指标中，GHG 排放被列为第 1 项；RSB 的生物燃料可持续生产原则中 GHG 排放为第 3 项。Buchholz 等（2009）基于专家调查法对 35 项可持续性指标的重要性进行了排序，结果显示，相关领域专家认为 GHG 排放的重要性应排在首位。van Dam 和 Junginger（2011）对欧洲 25 个欧盟成员国和 9 个非欧盟成员国利益相关者的问卷调研显示，可持续性认证应有最低 GHG 排放要求这一指标。Kudoh 等（2015）对东亚地区生物质可持续利用的可持续性评估指标进行为期 6 年的研究后发现，环境维度最重要的指标为全生命周期 GHG 排放。

　　将 GHG 排放作为一项重要的指标纳入具有法律约束力的政策框架，有两个关键点，包括 GHG 排放核算方法的确定和 GHG 减排要求的确定。在 GHG 减排要求的确定上，国际上多数可持续性政策和标准采用的方法是设置生命周期 GHG 的最低减排要求。最低减排要求的形式可以是对所有生物质能设置同一个最低减排要求，也可对生物质能进行分类，按照不同的类别设置不同的最低减排要求。各地在最低减排要求的设置上，都综合考虑了本区域或国家的实际情况以及减排目标。

2.3.3　生物质能可持续性政策和标准对生物质能产业政策的支持

　　国际上很多区域和国家在其可再生能源规划框架下会设计生物质能可持续准则或指标，用以对生物质能开发利用的可持续性进行规范和管理，确保规划的可持续性。在欧盟 RED 中，为了保证可再生能源规模化利用的减排效果，只有符合可持续性要求的生物质能才可计入 RED 目标量。美国 RFS II 设立了 2022 年实现 360 亿 gal（1.36 亿 m^3）可再生燃料使用量的目标，对可再生燃料进行了分类，并且对每种类型可再生燃料的利用量和最低 GHG 排放都提出了目标和要求。对于 GHG 减排效果较好的燃料，可以用于满足更多类型的目标。例如，纤维素燃料（最低 GHG 减排要求为 60%）的利用量，既可以统计入纤维素燃料目标量中，也可以统计入先进生物燃料以及可再生燃料的目标量中。

　　除了生物质能规划，生物质能其他相关的产业政策也与可持续性政策和标准挂钩。欧盟要求各成员国出台财税优惠政策来扶持本国可再生能源的发展，包括价格扶持、消费税减免、进口关税减免、贷款优惠等，要求各成员国仅对满足可持续性要求的生物质能给予财税支持。

　　在生物质能贸易方面，为了不与世界贸易组织的要求相抵触，欧盟并没有禁止不符合可持续性标准的生物质能的流通，但特别强调欧盟委员会必须审视生物质能生产与原料供应国是否采取更广泛的措施来遵守并维护可持续性原则（曾仁辉，2010），只有通过认证的生物质能才能获得政策扶持和被计入规划指标。美国可再生燃料进口商须按照环境保护署关于可再生燃料身份码的指导，所有生产燃料的原料须符合政策要求。越来越多的研究者建议将生物质能可持续性标准和认证与联合国层面达成的气候变化协议以及世界贸易组织的谈判联系起来（Johnson，2009）。

　　此外，欧盟也将生物质能可持续性标准与其碳排放权交易体系加以衔接。欧盟委员会 2012 年发布的监测和报告温室气体排放量指南系列文件中有一个专门用于生物质能的指南文件（EU，2012）。该文件提出，只有符合 RED 中生物质能可持续性要求的，在碳排放权交易中才能按照生物质能碳排放因子为零来进行核算；不符合可持续性要求的，生物质能碳排放因子要按照化石燃料来进行计算。

2.3.4　我国生物质能可持续性认证要求

我国生物质能的发展在很大程度上考虑了可持续性方面的影响。例如，我国燃料乙醇发展基本经历了三个不同的阶段（Chang et al.，2012）。起步阶段从 2001 年开始，国家批准在全国建立四个燃料乙醇企业，初始生产能力为 102 万 t，原料以陈化粮为主。2002 年，在河南郑州等五个城市开展车用乙醇汽油使用试点，2004 年试点范围扩大到黑龙江等五个省全省及湖北等四个省的部分城市。2004 年到 2006 年间，燃料乙醇产量增长较快，处于快速增长阶段。为了避免生物燃料发展对粮食安全和土地利用的影响，2006 年 12 月，国家发展和改革委员会、财政部下发了《关于加强生物燃料乙醇项目建设管理，促进产业健康发展的通知》，加强了燃料乙醇的管制。为了进一步加强对生物燃料产业和原料使用的引导与监管，2007 年国家发展和改革委员会和国务院办公厅先后印发了《关于促进玉米深加工业健康发展的指导意见》和《关于促进油料生产发展的意见》，要求严格控制油菜转化生物柴油项目以及不再建设新的以玉米为主要原料的燃料乙醇项目（常世彦等，2012）。

生物质能可持续性是我国政、产、学、研各界关注的重要问题。能源与交通创新中心先后对美国和欧盟的可持续生物燃料标准进行了详细的介绍（康利平等，2013；能源与交通创新中心，2013，2014），农业部规划设计研究院构建了一套生物液体燃料可持续发展评价系统（孟海波等，2009）。自 2012 年起，中国质量认证中心和中国标准化研究院作为国内第一和第二技术对口单位，参加了国际标准化组织生物质能可持续准则项目委员会。经国家标准化管理委员会批复，2016 年中国质量认证中心组建生物质能可持续准则国际标准国内对口工作组，组织专家编写《生物质能可持续性认证要求》。国家认证认可监督管理委员会在 2018 年发布了该标准，从环境、社会和经济等方面，提出了我国生物质能可持续性认证指标。

2.3.5　结论和建议

本节综述了国际生物质能可持续性政策和标准，对具体的准则和指标进行了梳理，特别是对其中的 GHG 排放指标进行了详细分析，就生物质能可持续性政策和标准对生物质能产业政策的支持作用进行了探讨，我国应尽快构建生物质能可持续性政策和标准体系。

1. 在《中华人民共和国可再生能源法》和生物质能发展相关规划中明确提出可持续性要求

切实将可持续性要求落实到生物质能产业发展中，需要强有力的政策支持。欧盟和美国都以政策法规的形式对生物质能可持续性提出具有可操作性的要求。我国生物质能发展一直秉承"不与人争粮，不与粮争地"等可持续原则，但是缺乏支撑这些原则的法律法规，以及将原则落实到可操作层面的具体准则和指标，对技术研发和产业发展缺乏明确的指引和规范。因此，我国应尽快在《中华人民共和国可再生能源法》和生物质能发展相关规划中明确提出包含具体准则和指标的可持续性要求，强调只有符合可持续性要求的生物质能利用量才可计入可再生能源的规划目标量。

2. 开发生物质能生命周期 GHG 排放核算方法标准，并设置最低减排要求

GHG 排放核算以及减排要求的设置是制定可持续性政策和标准的难点。我国《生物质能可持续性认证要求》中要求生物质能生命周期 GHG 排放应低于所替代的化石能源的生命周期 GHG 排放，并且给出了 GHG 排放核算的参考标准为《温室气体 产品碳足迹 量化要求与指南》（ISO/TS 14067）。但是，由于缺乏具体的生物质能 GHG 核算方法标准，目前可持续性认证要求在 GHG 排放核算方面尚欠缺可操作性，需要开发适用于我国可持续认证的生物质能 GHG 排放核算方法。

GHG 排放核算方法学的提出，要兼具科学性和可操作性。既要符合生命周期 GHG 排放核算方法的科学框架，同时也要考虑产业适用性。生物质能对比化石能源的 GHG 减排量需进行全生命周期核算，应包括原料种植、原料运输、能源生产、能源储运以及能源利用等多个环节，同时应明确 GHG 排放核算中副产品分配、土地利用变化等多种不确定因素的具体处理方法。在关键参数的选取上要体现我国的实际情况，在副产品分配方法上，要就不同燃料路线选择共识度较高的方法。具体如下。

（1）在系统边界的设定上，应遵循 LCA 的取舍准则，可以将不纳入基础设施和机械设备制造作为一般方法加以设定，同时可以对特定技术路线进行特别规定。

（2）在分配方法的选取上，可以将能量分配法作为一般方法加以设定，同时可以对特定技术路线进行特别规定。

（3）在土地利用变化的核算上，需要同时纳入直接土地利用变化和间接土地利用变化。

（4）在默认值取值上，应加强研究并构建默认值数据库，包括但不限于我国

生物质能产品生命周期 GHG 排放默认值、GHG 排放核算过程中主要参数的默认值以及参考产品系统的 GHG 排放默认值。

（5）在 GHG 减排要求的确定上，建议采用最低减排要求的形式，并对生物质能分类设置最低减排要求。在具体数值的确定上，要充分考虑我国产业发展和技术水平，广泛征求利益相关方意见。可采取适度宽松、动态收紧的方式。前期设置一个相对适中的基准值，然后逐步提高要求，根据产业规模与技术发展水平开展动态论证，进行合理设置与调整。

3. 优先在航空生物燃料等领域构建生物质能可持续标准

我国生物质能可持续性标准的建立要综合考虑国内情况以及与国际标准的衔接，建议优先在以下两个领域开展工作。

（1）航空生物燃料。利用航空生物燃料替代化石燃料是民航领域的一项重要减排措施（齐泮仑等，2013；孙晓英等，2013；李宇萍等，2014），构建航空生物燃料可持续标准具有重要现实意义。2010 年全球航空业在国际民用航空组织（International Civil Aviation Organization，ICAO）领导下确定了"自 2020 年起行业实现碳中性增长"的目标，并提出包括技术革新、改善运营、发展可持续航空燃料和建立市场机制在内的航空碳减排一揽子方案。生物航空燃料是可持续航空燃料的重要组成部分。ICAO 先后发布了《CORSIA 合格燃料的可持续性标准》[①]《CORSIA 批准的可持续性认证方案》《CORSIA 可持续性认证方案的合格性框架和要求》等用以规范航空替代燃料的可持续性，同时明确只有满足 ICAO 可持续性标准要求的航空燃料才具有减排作用。近几年，我国航空生物燃料可持续性评价取得了快速进展。中国民用航空局 2018 年印发了《民用航空飞行活动二氧化碳排放监测、报告和核查管理暂行办法》，提供了可持续航空燃料标准规范和可持续航空燃料减排量计算方法。近几年，中国民用航空局也在组织编写航空替代燃料可持续性要求相关标准。

（2）以生物质废弃物为原料的生物质能。一般而言，生物质废弃物及不当处理方式会带来负面环境影响。例如，屡禁不止的秸秆焚烧是我国很多地区秋季气溶胶颗粒物的重要来源（Cheng et al.，2013；郑晓燕等，2005；陆晓波等，2014）；畜禽粪便所产生的氨排放是大气中氨的主要来源（潘涛等，2015），而氨排放在二次颗粒物形成中的作用也日益受到重视。因此，我国生物质废弃物资源的能源化利用具有迫切的现实需求。而且，相对于原料为能源植物的生物质能，原料为农林业剩余物和废弃物的生物质能在生物多样性与土地利用变化等方面的争议较小，比较容易达成具有共识的可持续性标准，因此建议对以生物质废弃物为原料的生物质能优先开展可持续性标准的构建工作。

---

① CORSIA 即 Carbon Offsetting and Reduction Scheme for International Aviation，国际航空碳抵消和减排计划。

4. 生物质能产业政策和研发政策要与可持续性要求挂钩

对生物质能产业的可持续性提出要求，其核心理念是引导生产要素进行重新配置，向更具可持续性的领域和方向聚集。全面认识并具体分析生物质能产业可持续发展的约束条件，对于引导该产业的长远发展以及制定有针对性的对策是必要的（林琳，2010）。我国生物质能产业政策存在体系不健全和可操作性差等情况（孙钟超，2011；赵传刚，2011），其核心问题是对生物质能在经济、社会和环境维度的外部效益缺乏全面、清晰的认识。将可持续性要求与生物质能产业政策挂钩，可以更好地体现可持续性要求对产业发展的激励和约束。产业政策包括补贴和税收优惠等激励政策、生物质能市场准入机制和生物质能贸易政策等。对生物质能产业的补贴和税收优惠等激励政策的实施，要与生物质能可持续性要求挂钩。符合可持续性政策和标准要求的生物质能技术可以获得补贴与税收优惠。同时，可以考虑对生物质能按照其可持续性绩效（如全生命周期 GHG 减排量）进行分类管理，将补贴与税收优惠的额度与可持续性绩效相挂钩。生物质能市场准入机制、生物质能进出口政策和生物质能技术研发政策也要以可持续性标准为依据，与可持续性要求相挂钩。

参 考 文 献

柴沁虎. 2005. 生物质车用替代能源产业发展研究[D]. 北京：清华大学.
常世彦，赵丽丽，张婷，等. 2012. 生物液体燃料[C]//清华大学中国车用能源研究中心. 中国车用能源展望. 北京：科学出版社：178-219.
陈建华，郭菊娥，席酉民，等. 2009. 秸秆替代煤发电的外部效应测算分析[J]. 中国人口·资源与环境，19（4）：161-167.
崔和瑞，艾宁，2010. 秸秆气化发电系统的生命周期评价研究[J]. 技术经济，29（11）：70-74.
戴杜，刘荣厚，浦耿强，等. 2005. 中国生物质燃料乙醇项目能量生产效率评估[J]. 农业工程学报，21（11）：121-123.
丁文武，原林，汤晓玉，等. 2010. 玉米燃料乙醇生命周期能耗分析[J]. 哈尔滨工程大学学报，31（6）：773-779.
董丹丹，赵黛青，廖翠萍，等. 2008. 木薯燃料乙醇生产的技术提升及全生命周期能耗分析[J]. 农业工程学报，24（7）：160-164.
董进宁，马晓茜. 2007. 生物柴油项目的生命周期评价[J]. 现代化工，27（9）：59-63.
冯超，马晓茜. 2008. 秸秆直燃发电的生命周期评价[J]. 太阳能学报，29（6）：711-715.
冯文生. 2013. 全株玉米燃料乙醇生命周期能量平衡及碳排放研究[D]. 郑州：郑州大学.
高慧，胡山鹰，李有润，等. 2012. 甜高粱乙醇全生命周期温室气体排放[J]. 农业工程学报，28（1）：178-183.
郭敏晓. 2012. 风力、光伏及生物质发电的生命周期 CO_2 排放核算[D]. 北京：清华大学.
国家发展和改革委员会应对气候变化司. 2013. 中华人民共和国气候变化第二次国家信息通

报[M]. 北京：中国经济出版社：25-29.

何珍，吴创之，阴秀丽. 2008. 秸秆生物质发电系统的碳循环分析[J]. 太阳能学报，29（6）：705-710.

何珍，吴创之，赵增立. 2006. 1 MW 循环流化床生物质气化发电系统的碳循环[J]. 太阳能学报，27（3）：230-236.

侯坚. 2010. 化学法生产生物柴油的能耗与温室气体排放评价：以餐饮废油为原料[D]. 兰州：兰州大学.

胡志远，戴杜，浦耿强，等. 2004a. 木薯燃料乙醇生命周期能源效率评价[J]. 上海交通大学学报，38（10）：1715-1718.

胡志远，浦耿强，王成焘. 2004b. 木薯乙醇汽车车生命周期排放评价[J]. 汽车工程，26（1）：16-19.

霍丽丽，田宜水，孟海波，等. 2011. 生物质固体成型燃料全生命周期评价[J]. 太阳能学报，32（12）：1875-1880.

康利平，Robert Earley，安锋，等. 2013. 美国可再生燃料标准实施机制与市场跟踪[J]. 生物工程学报，29（3）：265-273.

李光明. 2016. 甜高粱秸秆生产乙醇及酒糟处理技术的生命周期评价分析[D]. 北京：清华大学.

李宏刚. 2006. 多种车用能源与车辆的油井到车轮（WTW）评价研究[D]. 吉林：吉林大学.

李胜. 2005. 生物质燃料乙醇企业循环经济模式研究[D]. 北京：中国农业大学.

李胜，路明，杜凤光. 2007. 中国小麦燃料乙醇的能量收益[J]. 生态学报，27（9）：3794-3800.

李小环，计军平，马晓明，等. 2011. 基于 EIO-LCA 的燃料乙醇生命周期温室气体排放研究[J]. 北京大学学报（自然科学版），47（6）：1081-1088.

李欣，娄世玲，杨麒，等. 2016. 基于生命周期能值分析的秸秆能源化利用方式的对比评价[J]. 环境工程学报，10（8）：4607-4614.

李宇萍，章青，王铁军，等. 2014. 第二代生物航空燃油的关键技术分析和进展动态[J]. 林产化学与工业，34（5）：162-168.

廖艳芬，马晓茜，李飞，等. 2004. 生物质能利用技术控制污染排放的作用[C]//吴创之，袁振宏，张全国，等. 2004 年中国生物质能技术与可持续发展研讨会论文集. 郑州：中国太阳能学会.

林琳. 2010. 中国生物质能产业可持续发展经济学分析[J]. 鄱阳湖学刊，（6）：62-68.

林琳，赵黛青，李莉. 2008. 基于生命周期评价的生物质发电系统环境影响分析[J]. 太阳能学报，29（5）：618-623.

林琳，赵黛青，魏国平，等. 2006. 生物质直燃发电系统的生命周期评价[J]. 华电技术，28（12）：18-23，44.

刘华财，阴秀丽，吴创之. 2015. 生物质气化发电能耗和温室气体排放分析[J]. 太阳能学报，36（10）：2553-2558.

刘华财，阴秀丽，吴创之，等. 2013. 木质成型颗粒生命周期能量和温室气体排放分析[J]. 太阳能学报，34（4）：709-713.

刘俊伟. 2010. 生物质能资源化利用系统的初始条件及生物周期评价的研究[D]. 北京：北京化工大学.

刘俊伟，田秉晖，张培栋，等. 2009. 秸秆直燃发电系统的生命周期评价[J]. 可再生能源，27（5）：

102-106.

娄世玲. 2015. 基于生命周期能值理论的秸秆生物质能可持续发展研究[D]. 长沙：湖南大学.

陆晓波，喻义勇，傅寅，等. 2014. 秸秆焚烧对空气质量影响特征及判别方法的研究[J]. 环境监测管理与技术，26（4）：17-21.

孟海波，赵立欣，高新星，等. 2009. 生物液体燃料可持续发展评价系统[J]. 农业工程学报，25（12）：218-223.

能源与交通创新中心. 2013. 国际生物燃料可持续标准与政策背景报告[EB/OL]. http://www.icet.org.cn/adminis/uploadfile/fujian/IBSPD.pdf[2022-06-25].

能源与交通创新中心. 2014. 欧盟生物燃料可持续发展机制及其对中国的启示[EB/OL]. https://www.efchina.org/Reports-zh/report-ctp-20141001-2-zh[2022-06-25].

欧训民，张希良. 2011. 中国车用能源技术路线全生命周期分析[M]. 北京：清华大学出版社.

潘涛，薛念涛，孙长虹，等. 2015. 北京市畜禽养殖业氨排放的分布特征[J]. 环境科学与技术，38（3）：159-162.

齐洋仑，何皓，胡徐腾，等. 2013. 航空生物燃料特性与规格概述[J]. 化工进展，32（1）：91-96.

申威. 2007. 中国未来车用燃料生命周期能源、GHG 排放和成本研究[D]. 北京：清华大学.

宋世忠. 2017. 生物质成型燃料产业发展关键问题的系统建模与分析[D]. 北京：清华大学.

孙晓英，刘祥，赵雪冰，等. 2013. 航空生物燃料制备技术及其应用研究进展[J]. 生物工程学报，29（3）：285-298.

孙钟超. 2011. 我国生物质能发展中的法律问题研究[D]. 天津：天津大学.

田望，廖翠萍，李莉，等. 2011. 玉米秸秆基纤维素乙醇生命周期能耗与温室气体排放分析[J]. 生物工程学报，27（3）：516-525.

田宜水，李十中，赵立欣，等. 2011. 甜高粱茎秆乙醇全生命周期分析[J]. 农业机械学报，42（6）：132-137.

汪峰. 2012. 广西木薯燃料乙醇生命周期能耗及 GHG 排放分析[D]. 南京：南京大学.

王如松. 2003. 资源、环境与产业转型的复合生态管理[J]. 系统工程理论与实践，（2）：125-132，138.

吴伟光. 2009. 生物柴油原料麻疯树种植经济可行性初探[R]. 南宁：国家林业局，广西壮族自治区人民政府，中国林学会.

谢小天. 2016. 生物质固体成型燃料技术路线生命周期环境影响评价[D]. 青岛：青岛科技大学.

邢爱华，马捷，张英皓，等. 2010. 生物柴油全生命周期资源和能源消耗分析[J]. 过程工程学报，10（2）：314-320.

杨江. 2012. 基于生命周期生物柴油可持续性分析的研究[D]. 武汉：武汉工程大学.

叶斌，陆强，李继，等. 2011. 煤电 GHG 排放强度模型及其应用[J]. 哈尔滨理工大学学报，16（5）：125-130.

曾仁辉. 2010. 欧盟生物燃料政策：可持续性要求与挑战[J]. 化工管理，（3）：45-48.

张茜. 2012. 基于生命周期评价理论的车用替代燃料路径选择研究[D]. 天津：天津大学.

张庭婷. 2014. 中国微藻生物柴油全生命周期"2E&W"分析[D]. 上海：上海交通大学.

张艳丽，高新星，王爱华，等. 2009. 我国生物质燃料乙醇示范工程的全生命周期评价[J]. 可再生能源，27（6）：63-68.

张艳丽，任昌山，王爱华，等. 2011. 基于 LCA 原理的国内典型沼气工程能效和经济评价[J]. 可再生能源，29（2）：119-124.

张治山，袁希钢. 2006. 玉米燃料乙醇生命周期净能量分析[J]. 环境科学，27（3）：437-441.

赵传刚. 2011. 我国生物质能立法研究论纲[D]. 青岛：山东科技大学.

赵红颖. 2010. 生物质发电的生命周期评价[D]. 成都：西南交通大学.

赵兰，冷云伟，任恒星，等. 2010. 大型秸秆沼气集中供气工程生命周期评价[J]. 安徽农业科学，38（34）：19462-19464，19495.

赵淑芳. 2010. 木薯燃料乙醇的净能量分析与环境影响评价：基于广西 20 万吨木薯燃料乙醇项目的分析[J]. 生态经济（学术版），（2）：235-238.

郑晓燕，刘咸德，赵峰华，等. 2005. 北京市大气颗粒物中生物质燃烧排放贡献的季节特征[J]. 中国科学（B 辑），（4）：346-352.

中华人民共和国国家质量监督检验检疫总局，中国国家标准化管理委员会. 2008. 环境管理 生命周期评价 要求与指南 GB/T 24044—2008/ISO 14044：2006[S]. 北京：中国标准出版社.

朱金陵，王志伟，师新广，等. 2010. 玉米秸秆成型燃料生命周期评价[J]. 农业工程学报，（6）：262-266.

Ajanovic A. 2011. Biofuels versus food production：does biofuels production increase food prices?[J]. Energy，36（4）：2070-2076.

Andress D，Dean Nguyen T，Das S. 2010. Low-carbon fuel standard—status and analytic issues[J]. Energy Policy，38（1）：580-591.

BEFSCI. 2011. A compilation of bioenergy sustainability initiatives：overview [EB/OL]. http://www.fao.org/bioenergy/31594-044649dd008dd73d7fa09345453123875.pdf[2022-06-25].

Berndes G，Bird N，Cowie A. 2011. Bioenergy，land use change and climate change mitigation[R]. Paris：IEA Bioenergy Exco.

Buchholz T，Luzadis V A，Volk T A. 2009. Sustainability criteria for bioenergy systems：results from an expert survey[J]. Journal of Cleaner Production，17：S86-S98.

California Air Resources Board. 2010. Low carbon fuel standard[EB/OL]. https://ww2.arb.ca.gov/our-work/programs/low-carbon-fuel-standard[2023-04-21].

Chang S Y，Zhang X L，Ou Xunmin. 2013. Sustainability assessment regarding aviation biofuels opportunity in China[R]. Beijing：Tsinghua University.

Chang S Y，Zhao L L，Timilsina G R，et al. 2012. Biofuels development in China：technology options and policies needed to meet the 2020 target[J]. Energy Policy，51：64-79.

Cheng Y，Engling G，He K B，et al. 2013. Biomass burning contribution to Beijing aerosol[J]. Atmospheric Chemistry and Physics，13（15）：7765-7781.

Cherubini F，Bird N D，Cowie A，et al. 2009. Energy-and greenhouse gas-based LCA of biofuel and bioenergy systems：key issues，ranges and recommendations[J]. Resources，Conservation and Recycling，53（8）：434-447.

Chong Y T，Teo K M，Tang L C. 2016. A lifecycle-based sustainability indicator framework for waste-to-energy systems and a proposed metric of sustainability[J]. Renewable and Sustainable Energy Reviews，56：797-809.

Dale V H，Efroymson R A，Kline K L，et al. 2013. Indicators for assessing socioeconomic sustainability of bioenergy systems：a short list of practical measures[J]. Ecological Indicators，26：87-102.

Department for Transport of United Kingdom. 2020. RTFO guidance part two: carbon and sustainability[R].

EU. 2012. Guidance document: biomass issues in the EU ETS[EB/OL]. https://climate.ec.europa.eu/system/files/2022-10/gd3_biomass_issues_en.pdf[2023-08-01].

European Parliament, Council of the European Union. 2018. Directive 2018/2001 of the European Parliament and of the Council of 11 December 2018 on the promotion of the use of energy fromrenewable sources[R]. European Union: Official Journal of the European Union.

FAO. 2012. A compilation of tools and methodologies to assess the sustainability of modern bioenergy[EB/OL]. http://www.globalbioenergy.org/bioenergyinfo/sort-by-date/detail/pt/c/143612/[2022-06-25].

Farrell A E, Plevin R J, Turner B T, et al. 2006. Ethanol can contribute to energy and environmental goals[J]. Science, 311 (5760): 506-508.

Frischknecht R, Althaus H J, Bauer C, et al. 2007. The environmental relevance of capital goods in life cycle assessments of products and services[J]. The International Journal of Life Cycle Assessment, 12: 7-17.

Gao Y, Skutsch M, Drigo R, et al. 2011. Assessing deforestation from biofuels: methodological challenges[J]. Applied Geography, 31 (2): 508-518.

GBEP. 2011. The global bioenergy partnership sustainability indicators for bioenergy[EB/OL]. http://www.globalbioenergy.org/fileadmin/user_upload/gbep/docs/Indicators/The_GBEP_Sustainability_Indicators_for_Bioenergy_FINAL.pdf[2022-06-25].

Gnansounou E, Dauriat A, Villegas J, et al. 2009. Life cycle assessment of biofuels: energy and greenhouse gas balances[J]. Bioresource Technology, 100 (21): 4919-4930.

Graboski M S. 2002. Fossil energy use in the manufacture of corn ethanol[R]. Washington D C: National Corn Growers Association.

He X Y, Ou X M, Chang S Y, et al. 2012. Analysis of life-cycle energy use and GHG emissions of the biomass-to-ethanol pathway of the coskata process under Chinese conditions[J]. Low Carbon Economy, 3 (3): 106-110.

Hendrickson C T, Lave L B, Matthews H S. 2006. Environmental Life Cycle Assessment of Goods and Services: An Input-Output Approach[M]. New York: Routledge.

Hendrickson C T, Horvath A, Joshi S, et al. 1998. Economic input-output models for environmental life-cycle assessment[J]. Environmental Science & Technology, 32 (7): 184-191.

Hou J, Zhang P D, Yuan X Z, et al. 2011. Life cycle assessment of biodiesel from soybean, jatropha and microalgae in China conditions[J]. Renewable and Sustainable Energy Reviews, 15 (9): 5081-5091.

Hu J J, Lei T Z, Wang Z W, et al. 2014. Economic, environmental and social assessment of briquette fuel from agricultural residues in China: a study on flat die briquetting using corn stalk[J]. Energy, 64: 557-566.

ISCC. 2016. ISCC 205 greenhouse gas emissions[R]. Germany: ISCC System GmbH.

ISO. 2015. Sustainability criteria for bioenergy[EB/OL]. https://www.iso.org/standard/52528.html[2022-06-25].

Jin E Z, Sutherland J W. 2016. A proposed integrated sustainability model for a bioenergy system[J]. Procedia CIRP, 48: 358-363.

Johnson E. 2009. Goodbye to carbon neutral: getting biomass footprints right[J]. Environmental Impact Assessment Review, 29 (3): 165-168.

Joshi S. 1999. Product environmental life-cycle assessment using input-output techniques[J]. Journal of Industrial Ecology, 3: 95-120.

Khatiwada D, Seabra J, Silveira S, et al. 2012. Accounting greenhouse gas emissions in the lifecycle of Brazilian sugarcane bioethanol: methodological references in European and American regulations[J]. Energy Policy, 47: 384-397.

Kim S, Dale B E. 2002. Allocation procedure in ethanol production system from corn grain i. system expansion[J]. The International Journal of Life Cycle Assessment, 7 (4): 237-243.

Kudoh Y, Sagisaka M, Chen S S, et al. 2015. Region-specific indicators for assessing the sustainability of biomass utilisation in East Asia[J]. Sustainability, 7 (12): 16237-16259.

Leng R B, Wang C T, Zhang C, et al. 2008. Life cycle inventory and energy analysis of cassava-based Fuel ethanol in China[J]. Journal of Cleaner Production, 16 (3): 374-384.

Liao Y F, Huang Z H, Ma X Q. 2012. Energy analysis and environmental impacts of microalgal biodiesel in China[J]. Energy Policy, 45: 142-151.

Liu H Y, Qiu T. 2018. Comparative study on LCA co-product allocation method of bioethanol production in the development from sweet sorghum stem[J]. Computer Aided Chemical Engineering, 44: 1765-1770.

McBride A C, Dale V H, Baskaran L M, et al. 2011. Indicators to support environmental sustainability of bioenergy systems[J]. Ecological Indicators, 11 (5): 1277-1289.

Melillo J M, Gurgel A C, Kicklighter D W, et al. 2009. Unintended environmental consequences of a global biofuels program[EB/OL]. https://globalchange.mit.edu/sites/default/files/MITJPSPGC_Rpt168.pdf[2022-06-25].

Muench S, Guenther E. 2013. A systematic review of bioenergy life cycle assessments[J]. Applied Energy, 112: 257-273.

Nepstad D C, Stickler C M, Soares-Filho B, et al. 2008. Interactions among Amazon land use, forests and climate: Prospects for a near-term forest tipping point[J]. Philosophical Transactions of the Royal Society B: Biological Sciences, 363 (1498): 1737-1746.

Ou X M, Yan X Y, Zhang X L. 2011. Life-cycle energy consumption and greenhouse gas emissions for electricity generation and supply in China[J]. Applied Energy, 88 (1): 289-297.

Ou X M, Yan X Y, Zhang X L, et al.. 2013. Life-cycle energy use and greenhouse gas emissions analysis for bio-liquid jet fuel from open pond-based micro-algae under China conditions[J]. Energies, 6: 4897-4923.

Ou X M, Zhang X L, Chang S Y, et al. 2009. Energy consumption and GHG emissions of six biofuel pathways by LCA in (the) People's Republic of China[J]. Applied Energy, 86: S197-S208.

Pimentel D. 1991. Ethanol fuels: energy security, economics, and the environment[J]. Journal of Agricultural and Environmental Ethics, 4 (1): 1-13.

Pimentel D. 2003. Ethanol fuels: energy balance, economics, and environmental impacts are negative[J].

Natural Resources Research, 12 (2): 127-134.

Pimentel D, Patzek T W. 2005. Ethanol production using corn, switchgrass, and wood; biodiesel production using soybean and sunflower[J]. Natural Resources Research, 14 (1): 65-76.

Rimppi H, Uusitalo V, Väisänen S, et al. 2016. Sustainability criteria and indicators of bioenergy systems from steering, research and Finnish bioenergy business operators' perspectives[J]. Ecological Indicators, 66: 357-368.

RSB. 2017. RSB GHG Calculation Methodology[R]. Switzerland: Roundtable on Sustainable Biomaterials.

RSB. 2018. RSB Standard for EU Market Access[R]. Switzerland: Roundtable on Sustainable Biomaterials.

Scarlat N, Dallemand J F. 2011. Recent developments of biofuels/bioenergy sustainability certification: a global overview[J]. Energy Policy, 39 (3): 1630-1646.

Schlamadinger B, Apps M, Bohlin F, et al. 1997. Towards a standard methodology for greenhouse gas balances of bioenergy systems in comparison with fossil energy systems[J]. Biomass and Bioenergy, 13 (6): 359-375.

Scully M J, Norris G A, Falconi T M A, et al. 2021. Carbon intensity of corn ethanol in the United States: state of the science[J]. Environmental research letters, 16 (4): 043001.

Searchinger T, Heimlich R, Houghton R A, et al. 2008. Use of U. S. croplands for biofuels increases greenhouse gases through emissions from land-use change[J]. Science, 319 (5867): 1238-1240.

Senauer B. 2008. Food market effects of a global resource shift toward bioenergy[J]. American Journal of Agricultural Economics, 90 (5): 1226-1232.

Shapouri H, Duffield J A, Graboski M S. 1995. Estimating the net energy balance of corn ethanol[R]. Washington D C: US Department of Agriculture report.

Sunde K, Brekke A, Solberg B. 2011. Environmental impacts and costs of woody Biomass-to-Liquid (BTL) production and use—a review[J]. Forest Policy and Economics, 13 (8): 591-602.

Thamsiriroj T, Murphy J D. 2011. A critical review of the applicability of biodiesel and grass biomethane as biofuels to satisfy both biofuel targets and sustainability criteria[J]. Applied Energy, 88 (4): 1008-1019.

Tonini D, Hamelin L, Alvarado-Morales M, et al. 2016. GHG emission factors for bioelectricity, biomethane, and bioethanol quantified for 24 biomass substrates with consequential life-cycle assessment[J]. Bioresource Technology, 208: 123-133.

Tu Q S, McDonnell B E. 2016. Monte Carlo analysis of life cycle energy consumption and greenhouse gas (GHG) emission for biodiesel production from trap grease[J]. Journal of Cleaner Production, 112: 2674-2683.

UN. 2007. Sustainable bioenergy: a framework for decision makers[EB/OL]. https://www.fao.org/3/a1094e/a1094e00.htm[2022-06-25].

van Dam J, Junginger M. 2011. Striving to further harmonization of sustainability criteria for bioenergy in Europe: recommendations from a stakeholder questionnaire[J]. Energy Policy, 39 (7): 4051-4066.

van Dam J, Junginger M, Faaij A P C. 2010. From the global efforts on certification of bioenergy towards an integrated approach based on sustainable land use planning[J]. Renewable and Sustainable Energy Reviews, 14（9）: 2445-2472.

van Dam J, Junginger M, Faaij A P C, et al. 2008. Overview of recent developments in sustainable biomass certification[J]. Biomass and Bioenergy, 32（8）: 749-780.

van Vliet O P R, Faaij A P C, Turkenburg W C. 2009. Fischer-tropsch diesel production in a well-to-wheel perspective: a carbon, energy flow and cost analysis[J]. Energy Conversion and Management, 50（4）: 855-876.

Wang M Q. 1999. GREET 1.5-transportation fuel cycle model volume i: methodology development, uses, and results[R].

Wang M, Huo H, Arora S. 2011. Methods of dealing with co-products of biofuels in life-cycle analysis and consequent results within the U. S. context[J]. Energy Policy, 39（10）: 5726-5736.

Whittaker C, McManus M C, Hammond G P. 2011. Greenhouse gas reporting for biofuels: a comparison between the RED, RTFO and PAS2050 methodologies[J]. Energy Policy, 39（10）: 5950-5960.

World Commission on Environment and Development. 1987. Our common future[EB/OL]. http://www.un-documents.net/our-common-future.pdf[2022-06-25].

Wu M, Wang M, Liu J, et al. 2007. Life-cycle assessment of corn-based butanol as a potential transportation fuel[EB/OL]. https://afdc.energy.gov/files/u/publication/Argonne_Butanol_Paper.pdf [2023-04-21].

Yu S R, Tao J. 2009. Energy efficiency assessment by life cycle simulation of cassava-based fuel ethanol for automotive use in Chinese Guangxi context[J]. Energy, 34（1）: 22-31.

Zhao L L, Ou X M, Chang S Y. 2016. Life-cycle greenhouse gas emission and energy use of bioethanol produced from corn stover in China: current perspectives and future prospectives[J]. Energy, 115: 303-313.

第 3 章　生物质能技术减排成本

减缓气候变化的进程依赖于减缓 GHG 排放技术的成本、减排效果以及这些技术的可获得性等诸多因素。分析生物质能成本、构成及主要影响因素等特征，对生物质能产业发展具有重要的意义。

IPCC 第二次评估报告中对减排成本进行了系统定义，将其分为四个层次：一是特定技术措施的直接工程和财务成本（direct engineering and financial costs of specific technical measures）；二是特定部门的经济成本（economic cost for a given sector）；三是宏观经济成本（macroeconomic costs），反映减排政策对宏观经济［如国内生产总值（gross domestic product，GDP）及其构成］的影响；四是福利成本（welfare costs）（IPCC，1995）。本节讨论的减排成本主要为工程技术层面生物质能与传统化石能源相比的减排成本。

3.1　生物质能技术成本

3.1.1　研究方法

1. 平准化成本

可再生能源技术项目层面常用的经济性评价指标有净现值（net present value）、平准化能源成本（levelized cost of energy，LCOE）、年化值（annualized value，AV）、内部收益率（internal rate of return，IRR）、回收期（payback period，PB）和收益成本比（benefit-to-cost ratios，B/C）等（NREL，1995）。

平准化能源成本作为一项主要的经济性指标常用于分析各种能源技术的综合竞争力（刘喜梅等，2016），它是贴现收入与贴现净费用相等时的均衡成本价格（Woomaw et al.，2011）。已有大量研究针对火电、核电、风电和太阳能发电等（张尧立等，2016；蔡浩等，2016；Lazard，2023）开展过平准化能源成本的分析。IPCC 于 2012 年发布的可再生能源特别报告中，采用平准化成本的方法对各种可再生能源技术进行了综合评价（IPCC，2012）。为了便于比较，本章也采用平准化成本对我国生物质能技术成本进行分析。平准化成本的计算公式如下：

$$LCOE = \frac{INVT \times \delta + O\&M}{Q} \tag{3-1}$$

其中，LCOE 表示生物质能技术平准化成本；INVT 表示初始投资成本，包括设备购置、工程建设和安装等；δ 表示资本回收系数（capital recovery factor，CRF）；Q 表示产量；O&M（operation and maintenance）表示年均运营成本。δ 反映了资金的时间价值，其计算公式为

$$\delta = \frac{i \times (1+i)^n}{(1+i)^n - 1} \tag{3-2}$$

其中，i 表示贴现因子；n 表示项目的寿命期。

O&M 通常由固定运营成本和变动运营成本组成。固定运营成本包括设备维护费（对设备进行定期修理的费用，如对设备进行拆卸或更换部件等）、材料费（消耗的材料、低值易耗品等）、人工费（支付给生产和管理人员的工资、津贴等费用）和管理费等；变动运营成本由原料成本以及与产品产量直接相关的成本，如水电成本、辅料成本等组成。为了便于分析，本章将 O&M 分为原料成本（O&M$_F$）和非原料运营成本（O&M$_{NF}$）两部分。平准化成本的计算公式可进一步细化为

$$\text{LCOE} = \frac{\text{INVT} \times \delta + \text{O\&M}_F + \text{O\&M}_{NF}}{Q} \tag{3-3}$$

生物质能种类繁多，本章着重对现有生物质成本研究进行系统梳理。现有成本研究并不都以平准化成本作为报告结果，为便于比较，对于已给出足够成本核算信息但并未给出平准化成本核算结果的研究，本章根据相关信息进行了计算，计算结果作为观察值与其他研究结果进行比较。

2. 观察值选择

本章收集了 53 篇文献（表 3-1）。在观察值的选择上，主要考虑以下方面。

表 3-1 调研文献

技术分类	序号	生物质能技术	参考文献
生物质供热	1	畜禽粪便-户用-沼气	陈成（2013），李俊飞（2013），许应萍等（2013），陈豫等（2012）
	2	畜禽粪便-小型-沼气	徐卫锋（2013），任波（2012），熊飞龙等（2011），张艳丽等（2011）
	3	畜禽粪便-中型-沼气	陈明波等（2014），黎学琴（2014），郑凯和刘卫国（2013），张艳丽等（2011），田芯（2008）
	4	畜禽粪便-大型-沼气	唐亚婷等（2016），刘弘博（2013），郑凯和刘卫国（2013），李常伟（2010），林斌和余建辉（2008），田芯（2008）
	5	秸秆-沼气	黄叙（2016），陈成（2013），闵师界等（2012），王红彦（2012）
	6	秸秆-热解-燃气	王红彦（2012）

续表

技术分类	序号	生物质能技术	参考文献
生物质供热	7	秸秆/木质原料-成型燃料	宋世忠（2017），Xu 等（2015），冉毅等（2015），李果和王革华（2006）
生物质发电	8	秸秆-直燃-发电	魏延军等（2012），刘志强和孙学峰（2009），杨勇等（2009），郝辉（2008），王胜曼（2008），国家发展和改革委员会能源研究所（2007）
	9	秸秆-气化-发电	赵黛青（2009），吴创之等（2009）
	10	畜禽-沼气-发电	陈成（2013），孙淼（2011），张艳丽等（2011），徐庆贤等（2010），朱磊等（2006）
	11	垃圾-焚烧-发电	李广彦（2015），张斌（2014），刘剑（2013），杨捷等（2013），张刚平（2009）
	12	垃圾-填埋气-发电	张国斌（2006）
生物液体燃料	13	玉米-发酵-乙醇	Xu 等（2018），方芳等（2004）
	14	小麦-发酵-乙醇	李胜（2005）
	15	木薯-发酵-乙醇	Xu 等（2018），张瑾和赵在庆（2014）
	16	甜高粱-发酵-乙醇	Xu 等（2018），梅晓岩等（2011）
	17	秸秆-发酵-乙醇	Xu 等（2018），赵丽丽（2016），杨娟（2014），姜芹等（2012），宋安东等（2010）
	18	废弃油脂-转酯-柴油	Xu 等（2018），李丽萍（2012），曾宏等（2010），邢爱华等（2010）
	19	小桐子-转酯-柴油	Xu 等（2018），朱祺（2008），邢爱华等（2010）
	20	微藻-转酯-柴油	Xu 等（2018）
	21	废弃油脂-加氢-柴油	Xu 等（2018）
	22	小桐子-加氢-柴油	Xu 等（2018）
	23	微藻-加氢-柴油	Xu 等（2018）
	24	秸秆-F-T-柴油	Xu 等（2018）
	25	秸秆-水相催化-航空煤油	Xu 等（2018）

（1）时间范围：以 2004～2018 年的研究为主要分析范围，个别技术路线可稍加延长。

（2）地域范围：以我国本土生物质能技术经济性分析研究为主。

（3）数据完整性：选取的研究文献需要开展了系统的生物质能技术经济性分析，包括初始投资成本、原料成本、非原料运营成本和产量这四项主要参数；或者可通过作者公布的各项数据推导核算出以上参数。

3. 数据修正方法

为了便于比较，本章对综述文献结果进行了适当修正。

在考虑资金的时间价值方面，将文献中的主要价值量数据按照不变价进行统一修正，折算为 2015 年价格，分别将初始投资按照固定资产投资价格指数进行统一折算，非原料运营成本按照工业生产者购进价格指数进行统一折算。

在原料成本方面，按照进入能源加工转换环节的原料成本进行统一核算。例如，以小桐子为原料的生物柴油的入厂原料是经过种植、收集、采摘的小桐子果实经压榨后生成的小桐子粗油；以微藻为原料的生物柴油的入厂原料是微藻经养殖、收集、油脂提取后生成的微藻粗油。

在功能单位设定上，对于生物质供热，平准化成本的单位采用元/GJ；对于生物液体燃料，平准化成本的单位采用元/toe；对于生物质发电，平准化成本的单位采用元/（kW·h）。有些研究将项目的技术经济性评价延伸到用户侧来加以分析。例如，田宜水等（2011）在比较不同生物质能供热技术的经济性时采用户均用能成本来计算，即农户年生活用能的平均成本，其单位是元/户；申威（2007）在比较不同生物液体燃料技术时用持有者成本的方法来比较单位交通周转量的生物液体燃料成本，其单位为元/km。对于数据完善且有明确阶段划分的研究，本章截取可比阶段与其他研究进行比较。

在产量取值上，按照实际供应量来核算。例如，对于生物质发电考虑的是供电量，而不是发电量，即要将厂内自用电部分加以扣除。文献中没有明确说明的生物质直燃发电厂，按照 12%自用电进行扣除。在大中型沼气工程中，考虑到有一部分沼气用于厌氧反应器加热，如李常伟（2010）的研究，工程自用沼气部分也要排除在外。

在寿命周期取值上，按照文献所给出的寿命周期进行统计。对于没有明确给出寿命周期的研究，以一定默认寿命周期进行核算。对生物质发电和生物液体燃料项目按照寿命周期为 20 年取值，对大中型沼气工程按照生命周期为 15 年取值，对于户用和小型沼气工程按照寿命周期为 10 年取值。

在贴现率取值上，IPCC（2012）对不同生物质能技术的评价同时采用贴现率为 0.3、0.7 和 1 进行核算。为便于比较，本章也采用以上三个贴现率。

3.1.2　数据与假设

生物质能不同技术发展阶段差异较大，对于沼气、生物质成型燃料等相对成熟的技术，可以调研到很多实际运行数据。但是，对于纤维素乙醇等目前仍处于研发示范阶段的技术，只能采用报告或文献中提供的模拟数据来加以分析。例如，姜芹等（2012）、赵丽丽等（2016）用 Aspen Plus 软件进行仿真模拟，研究纤维素乙醇技术经济性；曾宏等（2010）用 SuperPro Designer 仿真软件设计模拟超临界甲醇法年产 5 万 t 生物柴油的工艺流程。

3.1.3　主要结果

1. 生物质供热

1）户用沼气

户用沼气池的池容一般在 8~10 m³，每年产气量一般在 350~400 m³。初始投资大概为 1800~4200 元，平准化成本为 49~111 元/GJ（图 3-1），约合 1~2.3 元/m³。平准化成本中投资成本占比为 36%~68%，非原料运营成本占比在 32%~64%，主要用于清理池渣和维修等。由于发酵原料主要为人畜粪便及少部分秸秆，原料费用可以忽略不计。

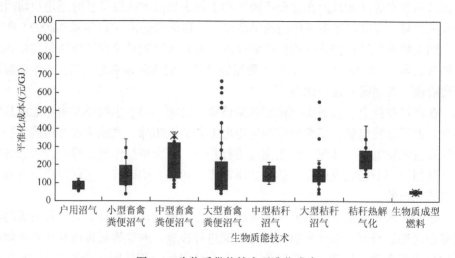

图 3-1　生物质供热技术平准化成本

2）小型畜禽粪便沼气

小型畜禽粪便沼气技术平准化成本为 26.2~345.2 元/GJ，项目之间差距较大。任波（2012）分析重庆武隆畜牧养殖场沼气项目时给出了相对较低的投资成本和非原料运营成本（池容 100 m³ 项目的工程投资为 5 万元，年运营成本为 200 元）。张艳丽等（2011）分析北京通州西鲁村沼气工程时给出了相对较高的投资成本和非原料运营成本（日产沼气 100 m³ 的沼气池，总投资为 160 万元，年维修费、人工费和动力费等非原料运营成本为 8.66 万元）。小型畜禽粪便沼气项目的平准化成本不仅总量相差较大，在成本构成上也有较大差异。平准化成本中投资成本占比为 50%~97%。其中，占比最低的数值 50% 来自张艳丽等（2011）对浙江义乌沼气项目的估算，占比最高的数值 97% 来自任波（2012）对重庆武隆畜禽养殖沼气项目的估算。

3）中型畜禽粪便沼气

中型畜禽粪便沼气平准化成本为 61~1749 元/GJ（因值偏大，未在图 3-1 中显示），中位数为 202 元/GJ。除 1 篇文献给出的观察值平准化成本较高外，其他观察值平准化成本的范围为 61~385 元/GJ。郑凯和刘卫国（2013）核算的北京小谷店村中型沼气项目平准化成本为 1315~1749 元/GJ。成本相对较高的主要原因是该项目理论设计的年产气量为 8.76 万 m^3，而实际的年产气量仅为 7867 m^3，仅为理论设计值的 9%。可见，中型沼气项目的平准化成本在很大程度上取决于项目的实际运行情况，即实际产气量达到理论设计量的水平。

4）大型畜禽粪便沼气

大型畜禽粪便沼气平准化成本范围为 39~682 元/GJ，中位数为 90 元/GJ。从单位投资成本来看，除北京留民营项目几经改造相对较高外，其余为 1331~5105 元/m^3。刘弘博（2013）调研的重庆巴南大型沼气项目平准化成本为 39~56 元/GJ，该项目池容为 800 m^3，建设总投资额为 254.5 万元，年生产运营成本为 12.8 万元，年实际产沼气 35.2 万 m^3，达到理论设计的 90%。郑凯和刘卫国（2013）调研的北京后安定村大型沼气工程项目平准化成本为 530~682 元/GJ，该项目池容为 600 m^3，投资额为 262 万元，实际运行费用为 23.3 万元。平准化成本较高的原因是实际运行沼气产量为 3.87 万 m^3，仅达到理论设计水平的 15.6%。大型沼气项目的平准化成本在很大程度上也取决于项目的实际运行情况。

5）中型秸秆沼气

仅收集到 2 个项目的观察值，平准化成本为 92~217 元/GJ。投资成本为 8475~11 467 元/m^3。与畜禽粪便沼气项目不同的是，秸秆沼气项目有一定的原料成本，平准化成本中原料成本所占比例为 7.6%~16.3%。

6）大型秸秆沼气

大型秸秆沼气平准化成本范围为 33~559 元/GJ，投资成本为 1995~7899 元/m^3。黄叙（2016）调研的山西晋中秸秆沼气工程平准化成本为 33.28~50.93 元/GJ，成本较低的主要原因是该沼气集中供气工程以酿醋副产品醋糟为原料，可以不考虑原料的收购成本。王红彦（2012）调研的山东郯城北蔺村秸秆沼气项目的平准化成本相对较高，为 352~559 元/GJ，成本高的原因是北蔺村秸秆沼气发酵采用常温发酵，年均池容产气率仅为 0.25 m^3/(m^3·d)。

7）秸秆热解气化

秸秆热解气是以秸秆等为原料，采用热化学转化方式生产的可燃气，可燃成分主要是 CO 和 H_2。王红彦（2012）调研了 7 个秸秆热解气化项目的经济效益。根据该调研数据核算的平准化成本为 138~427 元/GJ。7 个项目中，联群村项目平准化成本较高，为 264~427 元/GJ。该项目采用干馏工艺，平准化成本构成中投资成本比例为 84%~90%，原料成本比例为 5.3%~8.6%。其他项目均采用以空气为介质的秸秆热解气化工艺，平准化成本构成中投资成本相对较低，比例为40.5%～74.4%，原料成本比例为12.5%～32.9%。

8）生物质成型燃料

生物质成型燃料的平准化成本为31～48元/GJ，每吨投资成本为110～605元。平准化成本中原料成本占比较高（49%～80%），非原料运营成本占比较低（19%～44%），投资成本占比相对最低。平准化成本较高的研究在投资成本取值上一般较高，例如，冉毅等（2015）核算的基于秸秆的成型燃料成本为43～45元/GJ，投资成本取值为每吨成型燃料605元，在平准化成本中占比为8.5%～13%，投资成本核算范围包括粉碎设备、干燥设备、加热成型设备、冷却包装设备等机械设备费用，以及水电配套、土建安装、土地使用等其他费用。

2. 生物质发电

1）生物质直燃发电

我国生物质直燃发电项目的典型规模在20～30 MW，平准化成本为0.49～1.2元/（kW·h）（图3-2），投资成本为8400～15 108元/kW。平准化成本中投资成本所占比例为20.01%～47.76%，原料成本所占比例为33.61%～63.76%。供电效率的不同对平准化成本具有一定的影响。国家发展和改革委员会能源研究所（2007）调研的国能威县项目，平准化成本为0.49～0.62元/（kW·h），单位供电量（1 kW·h）的原料消耗量为0.7 kg（秸秆）。该研究所调研的另一个项目是国能单县项目，平准化成本为1.04～1.2元/（kW·h），单位供电量（1 kW·h）的原料消耗量为1.7 kg（秸秆）。根据朱孝成等（2022）的研究，我国当前农林生物质直燃发电项目的度电单耗大概在1.3 kg/（kW·h）。

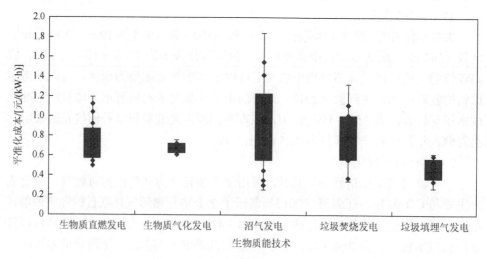

图3-2　生物质发电技术平准化成本

2）生物质气化发电

本章收集的生物质气化发电经济性分析的研究文献主要由中国科学院广州能源研究所发表。平准化成本为 0.6～0.76 元/（kW·h），投资成本为 5526～7184 元/kW。平准化成本中投资成本所占比例为 13.45%～26.7%，原料成本所占比例为 54.86%～66.66%。

3）沼气发电

收集到的国内沼气发电项目的发电装机容量相对较小，规模在 30～1250 kW。平准化成本为 0.25～1.85 元/（kW·h），投资成本为 8131～85 532 元/kW，项目之间差异较大。孙淼（2011）调研的江苏扬州某规模化养殖场沼气工程的平准化成本为 0.25～0.34 元/（kW·h），项目投资成本为 8131 元/kW。朱磊等（2006）调研的浙江海宁养殖场沼气发电项目的平准化成本为 0.84～1.47 元/（kW·h），该项目工程总投资为 309.8 万元，发电装机容量为 50 kW 和 150 kW 的发电机各 1 台。项目平准化成本相对较高的原因是发电利用小时数较低。该项目日处理养殖污水 60 余 t，日产沼气 500 m^3，年沼气发电量约为 32 万 kW·h，相当于发电利用小时仅为 1600 小时。

4）垃圾焚烧发电

垃圾焚烧发电平准化成本为 0.33～1.33 元/（kW·h），投资成本为 11 514～31 358 元/kW。刘剑（2013）调研的 S 市垃圾焚烧发电项目的平准化成本为 0.33～0.41 元/（kW·h），总投资 3.5 亿元，日处理垃圾能力为 1200 吨，采用两台 15 MW 汽轮发电机组发电，年发电量 2.3 亿 kW·h。平准化成本较低的原因是投资成本较低，约为 11 514 元/kW，且年发电小时数较高，约为 7667 小时。李广彦（2015）调研的天津滨海新区垃圾焚烧发电项目的平准化成本为 0.88～1.33 元/（kW·h），总投资成本较高，为 5.6 亿元，日处理垃圾能力为 1200 吨，发电装机容量为 2×9 MW，年售电量为 0.62 亿 kW·h。

5）垃圾填埋气发电

本章收集到的垃圾填埋气发电项目的数据均来自张国斌（2006）的研究。平准化成本为 0.27～0.61 元/（kW·h），投资成本为 13 505.8～20 663.9 元/kW。

3. 生物液体燃料

1）玉米乙醇

平准化成本为 6257～6847 元/toe（图 3-3），投资成本为 4556.5～4733 元/t 燃料乙醇。平准化成本构成中原料成本占比为 73.57%～82.04%。原料成本是影响玉米乙醇成本的最主要的因素。

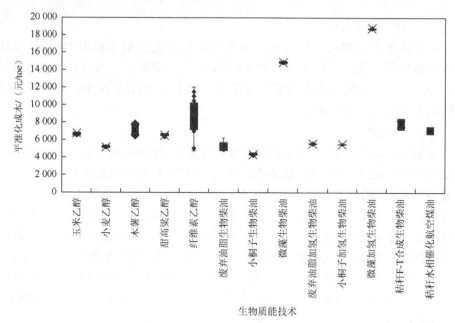

图 3-3　生物液体燃料平准化成本

2）小麦乙醇

收集的观察值有六个，数据来源为李胜（2005）的研究，且全部基于天冠集团生产数据。平准化成本为4883.66～5149.68元/toe。新工艺的投资成本略高于旧工艺，平准化成本也略高于旧工艺。根据李胜（2005）的分析，在不考虑副产品价值的情况下，新工艺成本相对较高，但是在考虑副产品的情况下，新工艺成本可以做到相对较低。旧工艺的副产品有杂醇油、DDGS和沼气，新工艺在此基础上还增加了麸皮和谷朊粉。

3）木薯乙醇

平准化成本为6197.4～7894元/toe，成本构成中原料成本占比为72.57%～84.66%。收集到的观察值有六个，来自两篇研究文献。尽管平准化成本相对接近，但投资成本差异较大，Xu等（2018）给出的投资成本为2790.7元/t燃料乙醇，而张瑾和赵在庆（2014）给出的投资成本为7069元/t燃料乙醇。可以发现，投资成本对平准化成本的影响相对较小。

4）甜高粱乙醇

平准化成本为6235.4～6760.8元/toe，成本构成中原料成本占比为56.36%～76.39%。相比玉米乙醇和木薯乙醇，甜高粱乙醇非原料运营成本占比相对较高，为18.55%～26.06%。

5）纤维素乙醇

平准化成本为4680.7～11 961.3元/toe，成本构成中原料成本占比相对其他燃料乙醇技术略低，为 18.45%～29.4%，但是非原料运营成本占比相对较高，为 44.03%～71.43%。赵丽丽（2016）分析了三种不同的技术情景下纤维素乙醇的成本，其中以美国国家可再生能源实验室（National Renewable Energy Laboratory，NREL）纤维素乙醇模拟工艺过程为基础核算出的平准化成本相对较低（4680.7～5129 元/toe），该模拟工艺过程中纤维素到葡萄糖转化率、五碳糖到乙醇转化率等关键技术指标的取值都相对乐观。

6）废弃油脂生物柴油

废弃油脂生物柴油是以废弃的动物油和植物油为原料通过转酯化反应生产的生物柴油，其平准化成本为 4623.8～6157.9 元/toe，成本构成中原料成本占比为 67.26%～85.5%。

7）小桐子生物柴油

小桐子生物柴油是以小桐子为原料通过转酯化反应制取的生物柴油，其平准化成本为 4125～4316.8 元/toe，成本构成中原料成本占比为 78.8%～82.1%。

8）微藻生物柴油

仅收集到一篇研究文献，包括三个观察值。微藻生物柴油平准化成本为 14 849.4～14 947.1 元/toe，投资成本为 2553.6 元/t 生物柴油，成本构成中原料成本占比很高，达 93.6%～94.22%。

9）废弃油脂加氢生物柴油

废弃油脂加氢生物柴油是以废弃油脂为原料通过加氢法制取的生物柴油，仅收集到一篇涉及成本分析内容的研究文献。其平准化成本为 5427.1～5525 元/toe，投资成本为 2903.7 元/t 生物柴油，成本构成中原料成本占比为 80.4%～81.8%。

10）小桐子加氢生物柴油

小桐子加氢生物柴油是以小桐子为原料通过加氢法制取的生物柴油，仅收集到一篇研究文献，包括三个观察值。其平准化成本为 5323.3～5421.2 元/toe，投资成本为 2903.7 元/t 生物柴油，成本构成中原料成本占比为 75.1%～76.4%。

11）微藻加氢生物柴油

微藻加氢生物柴油是以微藻为原料通过加氢法制取的生物柴油，仅收集到一篇研究文献，包括三个观察值。其平准化成本为 18 744.1～18 885.1 元/toe，投资成本为 4180.3 元/t 生物柴油，成本构成中原料成本占比为 91.5%～92.1%。

12）秸秆 F-T 合成生物柴油

秸秆 F-T 合成生物柴油是以秸秆为原料通过 F-T 合成法制取的生物柴油，仅收集到一篇研究文献，包括三个观察值。其平准化成本为 7139～8384.7 元/toe。投资成本相对较高，为 36 728.2 元/t 生物柴油，成本构成中原料成本占比相对较低，为 35.2%～41.3%；非原料运营成本占比相对较高，为 30.1%～35.3%。

13）秸秆水相催化航空煤油

秸秆水相催化航空煤油是以秸秆为原料通过水相催化法制取生物航空煤油，仅收集到一篇研究文献，包括三个观察值。其平准化成本为 6572.6～7390.1 元/toe。投资成本为 24 237.1 元/t 生物柴油，成本构成中原料成本占比相对较低，为 32%～36%；非原料运营成本占比相对较高，为 42.2%～47.4%。

3.1.4　讨论

由 3.1.3 节的分析可以看出，生物质能技术成本具有较大不确定性，下面将围绕几个关键不确定性展开讨论。

1. 技术工艺影响

以相同原料生产同样的能源产品，不同工艺间可能存在显著差异。例如，针对稀酸预处理和酶水解纤维素乙醇生产技术路线，赵丽丽（2016）考虑了三种技术水平情景，其中高技术（high technology，HT）情景下的平准化成本为 4700～5100 元/toe，显著低于现有技术（current technology，CT）情景（10 000 元/toe）。从表 3-2 可以看到，各情景预处理阶段的固体质量分数一致，成本下降的主要原因是考虑了预处理后脱毒阶段糖损失率下降，酶水解阶段纤维素到葡萄糖的转化率大幅上升，以及发酵阶段共发酵五碳糖和六碳糖等技术进步因素。

表 3-2　纤维素乙醇生产过程中各技术情景的关键技术参数

工段	参数	情景		
		CT	MT	HT
预处理	固体质量分数	30%	30%	30%
预处理	木聚糖→木糖转化率	80%	80%	90%
预处理	纤维素→葡萄糖转化率	5%	5%	10%
脱毒	糖损失率	15%	10%	—
酶水解	纤维素→葡萄糖转化率	79%	84%	90%
酶水解	固体质量分数	20%	20%	20%
酶水解	酶用量（mg/g 纤维素）	40%	30%	20%
酶水解	酶用量（FPU/g 纤维素）	20%	20%	20%
发酵	葡萄糖→乙醇转化率	90%	90%	95%
发酵	五碳糖→乙醇转化率	0	40%	85%
发酵	糖损失率	3%	3%	3%

注：CT 情景是指基于我国燃料乙醇工业化生产现状水平的现有技术情景；MT（medium techology，中等技术）情景是基于近中期可能的工业化技术水平的中等技术情景；HT 情景是基于长期可能的工业化技术水平的高技术情景

又如，沼气技术的发酵温度可以分为常温发酵、中温发酵、高温发酵三种。常温发酵温度一般在 10～30℃，中温发酵在 30～38℃，高温发酵在 50～55℃。沼气产气量会随温度的升高而有所变化。王红彦（2012）在对六个秸秆沼气项目的调研中发现，采用常温发酵的项目相比其他项目池容产气率较低（表 3-3）。徐卫锋（2013）的研究显示，如果采用常温发酵，而冬季无加温设计，则冬季产气率可能较低，会影响农户在冬季的取暖、热水等用气需求。

表 3-3　秸秆沼气项目总体池容、年产气量及池容产气率

项目名称	发酵温度	总体池容/m³	年产气量/m³	池容产气率/ [m³/ (m³·d)]
河南省安阳县瓦店乡小集村	中温	1 000	146 000	0.40
河南省安阳县吕村镇耿洋凡村	中温	600	102 200	0.47
河南省安阳县白壁镇东街村	中温	800	204 400	0.70
河南省济源市克井镇白涧村	中温	880	131 400	0.41
江苏省南京市淳化街道新兴社区	中温	900	153 300	0.47
山东省郯城县高峰头镇北蔺村	常温	1 200	109 500	0.25

资料来源：王红彦（2012）

2. 原料影响

即使拥有相同或相似的加工转换技术，原料的不同也会导致成本上的差异，这是生物质能技术面临的普遍问题。例如，对于采用转酯化方法生产的生物柴油技术，以微藻为原料的微藻生物柴油的成本显著高于以废弃油脂和小桐子为原料的生物柴油，主要原因是微藻规模化养殖生产成本较高。又如，对于沼气技术，刘弘博（2013）比较了以猪粪和牛粪等为原料的九个沼气工程，发现以猪粪为原料的年产量高于牛粪，但是如果牛粪配合秸秆将大大提高其产气率，从而在一定程度上降低其生产成本（表 3-4）。

表 3-4　沼气工程项目发酵原料、年产气量及运营成本

项目名称	原料	罐体容积/万 m³	年产气量理论值/万 m³	年产气量实际值/万 m³	运营成本/（元/a）
丰都县中大农业开发有限公司沼气工程	猪粪	500	23.11	18.46	115 924
重庆鑫宜居生态农业发展有限公司猪场沼气工程	猪粪	500	17.33	14.78	74 283
重庆木犴生猪养殖有限公司沼气工程	猪粪	800	39.29	35.2	128 162
丰都县渝丰源养殖专业合作社沼气工程	猪粪	800	34.67	30.45	89 950
重庆市垫江县渝东北大型种猪场沼气工程	猪粪	1 000	41.02	36.5	174 335

续表

项目名称	原料	罐体容积/万 m³	年产气量理论值/万 m³	年产气量实际值/万 m³	运营成本/（元/a）
重庆市倍发牧业有限责任公司沼气工程	牛粪	500	18.64	17.38	95 953
重庆英华农业开发有限公司大中型沼气工程	牛粪	800	29	27.89	132 793
重庆市垚鑫农业开发有限公司养牛场沼气工程	牛粪	1 000	25.89	24.13	187 007
重庆市合川区太和镇富金村秸秆沼气工程	牛粪-秸秆	1 000	36.25	33.76	167 661

资料来源：刘弘博（2013）

3. 运行负荷影响

项目实际运行负荷较低会严重影响生物质能技术的经济性。例如，对于沼气项目，综述结果显示，不同项目间成本差异主要来自理论设计与实际产量间的差距。如果实际产量远远不能达到理论设计产量，则平准化成本会远远高于其他项目。

按照《沼气工程规模分类》（NY/T 667—2011）的要求，特大型和大型沼气工程采用高浓度中温发酵工艺，池容产气率不小于 1.0 m³/（m³·d）；中型沼气工程采用近中温或常温发酵工艺，池容产气率不小于 0.5 m³/（m³·d）；小型沼气工程采用常温发酵工艺，池容产气率不小于 0.25 m³/（m³·d）。而实际当中一些沼气项目运行数据远没有达到要求。例如，田芯（2008）所调研的后安定村的沼气池规模为 600 m³，而年产沼气仅 36 500 m³，相当于产气率不足 0.17 m³/（m³·d），平准化成本远高于其他同类型项目，严重影响了其经济性（表 3-5）。四川成都新津的秸秆沼气集中供气工程，设计年产沼气为 18.25 万 m³，供 300 户农户用气，年供气 14.6 万 m³，但是该工程在 2010～2012 年运行期间，只维持半负荷运行状态，年沼气产量为 6 万 m³，仅为设计产量的 1/3，供气户数 152 户，仅为设计供气户数的约 1/2（闵师界等，2012）。

表 3-5　北京市大中型沼气工程实际运行与理论设计的差距

项目名称	规模	理论设计/实际运行	沼气/万元	沼渣、沼液/万元	运行费用/万元
留民营村	1600 m³	理论设计	82.5	456.3	91.7
		实际运行	42	8.9	109
后安定村	600 m³	理论设计	37.23	33.3	6.987
		实际运行	5.8	2.2	23.3
牛坊村	560 m³	理论设计	34.75	24.91	14.09
		实际运行	7.79	0.12	14.78

项目名称	规模	理论设计/实际运行	沼气/万元	沼渣、沼液/万元	运行费用/万元
小谷店村	240 m³	理论设计	13.14	11.8	7.82
		实际运行	1.18	0.17	9.98
佟营村	200 m³	理论设计	13.25	11.8	6.63
		实际运行	0.7	0.15	6.36

4. 副产品影响

生物质能生产过程中会产生一定的副产品，副产品可以分担一部分成本从而降低生物质能产品的成本。本章在前述平准化成本核算中，并未考虑副产品的成本分摊问题，但实际上，副产品收益对几乎所有的生物质能技术都具有重要意义。例如，对于一些中、大型沼气综合利用工程，有机肥等其他收益在很大程度上超过了沼气本身的收益。张艳丽等（2011）调研的北京蟹岛沼气工程，沼肥效益为25 万元，而以 1.2 元/m³ 出售的沼气收入才 9.6 万元。刘畅等（2014）基于 Biogas Calculator 软件，根据德国的工艺参数模拟了与江苏金坛某沼气工程相同规模的沼气工程的运营情况，结果发现，德国工艺可以通过出售热量获得 31.6 万元的收益，而我国沼气工程通常在偏远农村，周围缺乏有供热需求的工厂企业，很难获得这部分收益。

3.2 生物质能技术成本长期变化趋势

IPCC（2012）综述了国际上主要生物质能技术发展的经验曲线，如表 3-6 所示。可以发现，生物质能技术在生命周期多个环节均有技术进步的潜在空间。从长期来看，可以通过能源植物技术研发突破、加工转化技术创新等实现效率提升与成本下降。例如，张云月（2014）提到可以通过提高机组发电效率、降低厂用电率和提高发电利用小时数等降低农林生物质发电成本；刘畅等（2014）提到可以通过改进设备、提高发电效率和提高设备使用寿命等来降低沼气发电成本。清华大学能源环境经济研究所等（2014）对生物液体燃料技术成本到 2050 年下降趋势进行了研判（图 3-4），该研究认为绝大多数 2 代生物液体燃料技术［包括纤维素乙醇、F-T 合成生物柴油（航空煤油、汽油）和水相催化汽油（航空煤油）等］都可在 2020～2030 年实现成本的大幅下降，下降至每吨标准油 8000 元左右的水平，在很大程度上实现与传统化石燃料的经济竞争性。2 代生物液体燃料未来成本的不确定性会随着规模的扩大和转化效率的提升而下降，降低成本的关键在于酶制剂等关键技术的突破，以及通过规模效益来实现投资成本的下降。对于 1.5 代

表 3-6　生物质能技术学习曲线

学习系统	学习率/%	时间周期/年	区域	N	R^2
原料生产					
甘蔗	32±1	1975~2005	巴西	2.9	0.81
玉米	45±1.6	1975~2005	美国	1.6	0.87
物流					
木片（瑞典）	12~15	1975~2003	瑞典/芬兰	9	0.87~0.93
投资和运营成本					
热电联产厂	19~25	1983~2002	瑞典	2.3	0.17~0.18
沼气厂	12	1984~1998		6	0.69
甘蔗基燃料乙醇	19±0.5	1975~2003	巴西	4.6	0.8
玉米产燃料乙醇（仅运营成本）	13±0.15	1983~2005	美国	6.4	0.88
终端能源					
甘蔗基燃料乙醇	7 29	1970~1985 1985~2002	巴西	−6.1	
甘蔗基燃料乙醇	20±0.5	1975~2003	巴西	4.6	0.84
玉米基燃料乙醇	18±0.2	1983~2005	美国	6.4	0.96
生物质热电联产厂所发电	8~9	1990~2002	瑞典	−9	0.85~0.88
生物质发电	15		OECD		
沼气	0~15	1984~2001	丹麦	−10	0.97

注：在学习曲线中，学习率表示的是当累计产量翻倍时，单位成本下降的百分比；N 表示累积产量的翻倍数；R^2 是统计数据的相关系数。OECD 即 Organisation for Economic Co-operation and Development，经济合作与发展组织

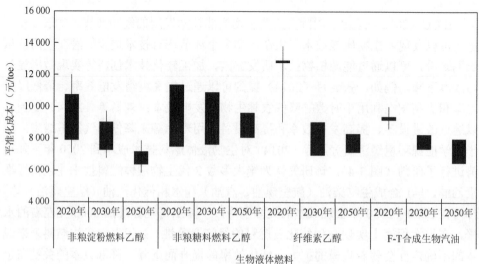

（a）可替代汽油的生物液体燃料

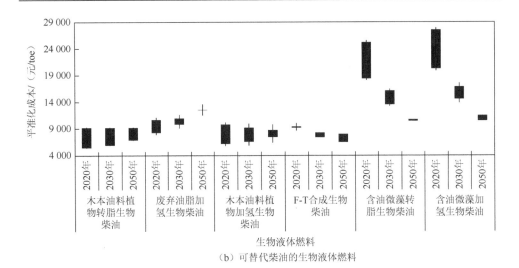

图 3-4　生物液体燃料平准化成本

生物液体燃料，原料成本占生产总成本的比例非常高。原料成本的降低可以通过建立规模化种植基地、推广优良品种、提高作物产量等实现，也可以通过提高种、收、储、运机械化水平来实现。

3.3　生物质能减排成本

　　将生物质能和化石能源的成本与碳排放情况进行比较，可以对典型生物质能技术的增量减排成本进行核算。本章考虑两种减排成本，一种是生物质能相对化石能源的直接 CO_2 增量减排成本，另一种是基于生命周期 GHG 减排量的生物质能生命周期 GHG 增量减排成本。计算公式如下：

$$\text{MITCOST}_{CO_2} = \frac{\text{LCOE}_B - \text{LCOE}_F}{\text{CO}_{2F} - \text{CO}_{2B}} \qquad （3\text{-}4）$$

$$\text{MITCOST}_{GHG} = \frac{\text{LCOE}_B - \text{LCOE}_F}{\text{LGHG}_F - \text{LGHG}_B} \qquad （3\text{-}5）$$

其中，MITCOST_{CO_2} 表示生物质能技术的直接 CO_2 增量减排成本；LCOE_B 与 LCOE_F 分别表示生物质能技术与可比化石能源技术的平准化成本；CO_{2F} 与 CO_{2B} 分别表示化石能源与生物质能的 CO_2 排放量；MITCOST_{GHG} 表示生物质能技术的生命周期 GHG 增量减排成本；LGHG_F 与 LGHG_B 分别表示化石能源技术与生物质能技术的全生命周期 GHG 排放。计算结果如表 3-7 所示。

表 3-7　生物质能减排成本

生物质能	直接 CO_2 增量减排成本/（元/t）	全生命周期增量减排成本/（元/t）
户用沼气	612（299，980）	426（160，885）
大中型沼气	756（127，1 325）	526（68，1 197）
生物质成型燃料	201（102，290）	202（98，293）
沼气发电	856（59，1 700）	458（24，1 176）
农林生物质发电	363（105，938）	270（74，759）
垃圾焚烧发电	335（12，1 089）	249（8，881）
燃料乙醇	676（60，1 278）	1 248（43，34 928）
纤维素乙醇	1 413（75，2 924）	1 244（43，3 606）
生物柴油	185（116，482）	192（71，2 637）
秸秆合成油	4 039（2 207，5 632）	3 006（1 511，12 133）

　　注：①减排成本核算中，去掉了生物质能成本异常值与生命周期排放异常值；②由于所调研的我国沼气生命周期研究均未考虑废弃物管理中的排放抵消，本章沼气生命周期 GHG 排放数据参考 Zhou 等（2021）的研究，假设 GHG 排放为–30（–69，0）gCO_2-eq/MJ；③括号内数值为最低值和最高值

　　从表 3-7 可以看出，①我国生物质能技术的减排成本普遍较高，高于当前我国碳市场平均碳价水平（每吨 CO_2 约 46 元）[①]，生物质能技术的规模化发展，不能仅依靠碳市场形成的价格激励，标杆上网电价、补贴和税收优惠等政策仍然需要持续发力。②参照张希良等（2022）的研究，2035 年我国碳价水平将达到近 180 元/t，2040 年将达到 287 元/t，2045 年将达到 435 元/t，2060 年将超过 2700 元/t。以此作为比较，从中位数来看，生物柴油、生物质成型燃料、垃圾焚烧发电和农林生物质发电等技术，将有望在 2045 年前实现减排成本与市场碳价的持平。③沼气、生物质发电和秸秆合成油等技术，由于具有较高的生命周期减排绩效，其生命周期减排成本明显低于直接 CO_2 减排成本。④几乎所有生物质能技术的减排成本都具有较大不确定区间，这表明，对于一些有较大进步空间的技术，如纤维素乙醇，虽然当前 GHG 减排成本较高，长期来看其减排成本有望降低；但同时也表明，生物质能技术减排成本与实际的生产和应用场景密切相关，需要根据具体的项目场景加以评价。

参 考 文 献

蔡浩，朱煜秋，吴熙. 2016. 基于平准化电力成本和现值法的风电系统技术经济分析[J]. 江苏大

　　① 截至 2023 年 6 月底，全国碳排放权交易市场碳排放配额累计成交量 2.37 亿吨，累计成交额 109.11 亿元。按此计算，我国当前平均碳价约为每吨 46 元。来源：https://baijiahao.baidu.com/s?id=1771590535007123891&wfr=spider&for=pc[2023-07-28]。

学学报（自然科学版），37（4）：438-442，490.

陈成. 2013. 成都市农村沼气利用模式的效益评价[D]. 成都：四川农业大学.

陈明波，汪玉璋，杨晓东，等. 2014. 规模畜禽场沼气工程经济效益评价与存在问题研究[J]. 安徽农业科学，（29）：10269-10271.

陈豫，胡伟，杨改河，等. 2012. 户用沼气池生命周期环境影响及经济效益评价[J]. 农机化研究，34（9）：227-232.

方芳，于随然，王成焘. 2004. 中国玉米燃料乙醇项目经济性评估[J]. 农业工程学报，20（3）：239-242.

国家发展和改革委员会能源研究所. 2007. 农林剩余物发电产业发展调查与评价研究报告[M]. 北京：国家发展和改革委员会能源研究所.

郝辉. 2008. 生物质直燃发电项目技术经济分析[D]. 北京：华北电力大学.

黄叙. 2016. 秸秆沼气集中供气工程的本量利分析与财务评价[J]. 中国沼气，34（4）：60-66.

姜芹，孙亚琴，滕虎，等. 2012. 纤维素燃料乙醇技术经济分析[J]. 过程工程学报，12（1）：97-104.

黎学琴. 2014. 牲畜养殖场沼气工程效益评价及激励机制研究[D]. 北京：北京建筑大学.

李常伟. 2010. 河北省磁县沼气推广应用研究[D]. 北京：中国农业科学院.

李广彦. 2015. 垃圾焚烧发电项目经济技术评价研究：以大港垃圾焚烧发电项目为例[D]. 天津：天津大学.

李果，王革华. 2006. 生物质成型燃料产业化经济与政策分析[C]//中国农村能源行业协会，中国农业工程学会，中国沼气学会. 中国农村能源行业协会第四届全国会员代表大会新农村、新能源、新产业论坛生物质开发与利用青年学术研讨会论文集. 北京：《农业工程学报》编辑部：4.

李俊飞. 2013. 四川省丹棱县户用沼气经济效益评价[D]. 北京：中国农业科学院.

李丽萍. 2012. 生物柴油生产工艺的技术经济分析及综合评价模型[D]. 天津：天津大学.

李胜. 2005. 生物质燃料乙醇企业循环经济模式研究[D]. 北京：中国农业大学.

林斌，余建辉. 2008. 大型玻璃钢外壳沼气池系统工程经济分析：以建瓯市健华猪业有限公司青州养殖场为例[J]. 中国沼气，26（6）：33-35.

刘畅，王俊，浦绍瑞，等. 2014. 中德万头猪场沼气工程经济性对比分析[J]. 化工学报，65（5）：1835-1839.

刘弘博. 2013. CSTR 集中型沼气工程建设运行成本比较研究[D]. 重庆：西南大学.

刘剑. 2013. 我国垃圾焚烧发电项目的技术经济评价研究[D]. 长春：吉林大学.

刘喜梅，白恺，邓春，等. 2016. 大型风电项目平准化成本模型研究[J]. 可再生能源，34（12）：1853-1858.

刘志强，孙学峰. 2009. 25 MW 生物质直燃发电项目及其效益分析评价[J]. 应用能源技术，（6）：32-34，37.

梅晓岩，刘荣厚，曹卫星. 2011. 甜高粱茎秆固态发酵制取燃料乙醇中试项目经济评价[J]. 农业工程学报，27（10）：243-248.

闵师界，邱坤，吴进，等. 2012. 新津县秸秆沼气工程经济效益分析[J]. 中国沼气，30（6）：40-42，36.

清华大学能源环境经济研究所，中科院广州能源研究所，农业部规划设计研究院. 2014. 中国生物液体燃料发展路线图[R]. 北京：国家能源局.

冉毅，李谦，彭德全，等. 2015. 生物质成型燃料技术特点及经济效益分析[J]. 安徽农业科学，
　　43（27）：322-325.

任波. 2012. 武隆县畜牧养殖场沼气综合利用的经济效益分析[J]. 中国农业信息，（11S）：125.

申威. 2007. 中国未来车用燃料生命周期能源、GHG 排放和成本研究[D]. 北京：清华大学.

宋安东，任天宝，张百良. 2010. 玉米秸秆生产燃料乙醇的经济性分析[J]. 农业工程学报，（6）：
　　283-286.

宋世忠. 2017. 生物质成型燃料产业发展关键问题的系统建模与分析[D]. 北京：清华大学.

孙淼. 2011. 江苏省规模化养殖场沼气工程效益实证分析[D]. 南京：南京农业大学.

唐亚婷. 2016. 河南省大中型沼气工程国债项目综合效益评价[D]. 郑州：河南农业大学.

田芯. 2008. 大中型沼气工程的技术经济评价研究[D]. 北京：北京化工大学.

田宜水，赵立欣，孟海波，等. 2011. 中国农村生物质能利用技术和经济评价[J]. 农业工程学报，
　　27（S1）：1-5.

王红彦. 2012. 秸秆气化集中供气工程技术经济分析[D]. 北京：中国农业科学院.

王胜曼. 2008. 秸秆发电工程技术经济分析[D]. 保定：河北农业大学.

魏延军，秦德帅，常永平. 2012. 30 MW 生物质直燃发电项目及其效益分析[J]. 节能技术，30（3）：
　　278-281.

吴创之，周肇秋，马隆龙，等. 2009. 生物质气化发电项目经济性分析[J]. 太阳能学报，30（3）：
　　368-373.

邢爱华，马捷，张英皓，等. 2010. 生物柴油全生命周期经济性评价[J]. 清华大学学报（自然科
　　学版），50（6）：923-927.

熊飞龙，朱洪光，石惠娴，等. 2011. 关于农村沼气集中供气工程沼气价格分析[J]. 中国沼气，
　　29（4）：16-19.

徐庆贤，郭祥冰，林斌，等. 2010. 福建省畜禽养殖业大中型沼气工程调查研究及实例分析[J]. 海
　　峡科学，（10）：245-248.

徐卫锋. 2013. 标准化养殖场小型沼气工程效益分析及思考[J]. 现代农业科技，（4）：214-216.

许应萍，陈静，陈明波. 2013. 江苏省中部地区农村户用沼气经济效益评价研究[J]. 安徽农业科
　　学，（1）：391-392，400.

杨捷，汪小憨，赵黛青，等. 2013. 城市生活垃圾气化发电的技术经济性评价[J]. 可再生能源，
　　31（7）：120-123，128.

杨娟. 2014. 纤维素乙醇的工艺流程模拟及技术经济分析[D]. 大连：大连理工大学.

杨勇，安恩科，陈卓. 2009. 秸秆直燃发电项目经济分析及建议[J]. 能源技术，（6）：342-346.

曾宏，李洪明，方柏山. 2010. 生物柴油超临界甲醇法生产工艺全流程模拟与经济分析[J]. 过程
　　工程学报，10（6）：1168-1174.

张斌. 2014. 临朐县生活垃圾焚烧发电项目技术研究与效益测算[D]. 天津：天津大学.

张刚平. 2009. 诸暨市垃圾资源焚烧发电供热模式的技术经济研究[D]. 长沙：中南大学.

张国斌. 2006. 垃圾填埋沼气发电技术应用的研究[D]. 沈阳：东北大学.

张瑾，赵在庆. 2014. 木薯燃料乙醇经济效益变化趋势分析[J]. 化学工业，32（12）：30-33.

张希良，黄晓丹，张达，等. 2022. 碳中和目标下的能源经济转型路径与政策研究[J]. 管理世界，
　　（1）：35-66.

张艳丽，任昌山，王爱华，等. 2011. 基于 LCA 原理的国内典型沼气工程能效和经济评价[J]. 可

再生能源, 29 (2): 119-124.

张尧立, 郭奇勋, 李宁. 2016. 行波堆平准化发电成本分析[J]. 原子能科学技术, 50 (2): 306-311.

张云月. 2014. 生物质直燃发电项目效益分析及提升途径[R]. 上海: 勤哲文化传播（上海）有限公司.

张志强, 胡山鹰, 陈定江, 等. 2013. 多原料生物质燃料乙醇生产系统优化[J]. 过程工程学报, (2): 250-256.

赵黛青. 2009. 生物质发电不同技术路线的比较[Z]. 中国可再生能源规模化发展项目.

赵丽丽. 2016. 中国生物液体燃料技术经济与减排潜力研究[D]. 北京: 清华大学.

郑凯, 刘卫国. 2013. 北京大中型沼气工程运行效率研究[J]. 北京石油化工学院学报, (1): 63-66.

朱磊, 胡国梁, 邹技锋, 等. 2006. 浙江省海宁市同仁养殖场沼气发电综合利用工程及效益分析[J]. 中国沼气, 24 (3): 46-49.

朱祺. 2008. 生物柴油的生命周期能源消耗、环境排放与经济性研究[D]. 上海: 上海交通大学.

朱孝成, 窦克军, 王振中, 等. 2022. 中国农林生物质发电项目经济性分析[J]. 全球能源互联网, (2): 182-187.

IPCC. 1995. Climate change 1995: economic and social dimensions of climate change[EB/OL]. https://www.ipcc.ch/report/ar2/wg1/ar2-economic-and-social-dimensions-of-climate-change/[2022-06-25].

IPCC. 2012. Renewable energy sources and climate change mitigation[EB/OL]. https://www.ipcc.ch/report/renewable-energy-sources-and-climate-change-mitigation/[2022-06-25].

Lazard. 2023. 2023 Levelized cost of energy+[EB/OL]. https://lazard.com/research-insights/2023-levelized-cost-of-energyplus/[2023-07-28].

NREL. 1995. A manual for the economic evaluation of energy efficiency and renewable energy technologies[EB/OL]. https://www.nrel.gov/docs/legosti/old/5173.pdf[2022-06-25].

Woomaw M, Burgherr P, Heath G, et al. 2011. Annex II: methodology[C]//Edenhofer O, Pichs-Madruga R, Sokona Y, et al. Renewable Energy Sources and Climate Change Mitigation. New York: Cambridge University Press: 973-1001.

Xu J, Chang S Y, Yuan Z H, et al. 2015. Regionalized techno-economic assessment and policy analysis for biomass molded fuel in China[J]. Energies, 8 (12): 13846-13863.

Xu J, Yuan Z H, Chang S Y. 2018. Long-term cost trajectories for biofuels in China projected to 2050[J]. Energy, 160: 452-465.

Zhou Y, Swidler D, Searle S, et al. 2021. Life-cycle greenhouse gas emissions of biomethane and hydrogen pathways in the European Union[EB/OL]. https://theicct.org/wp-content/uploads/2021/10/LCA-gas-EU-white-paper-A4-v5.pdf[2022-06-25].

第4章　生物质能结合碳捕集与封存

4.1　生物质能结合碳捕集与封存与全球温控2℃/1.5℃目标①

全球气候变化是当前人类面临的严峻挑战。为了控制全球气候变化所带来的影响,《巴黎协定》提出将全球升温限制在2℃内,并努力将全球升温控制在1.5℃内,以避免气候变化造成更严重的影响。2018年,IPCC发布的《全球升温1.5℃特别报告》指出,与升温2℃相比,限制升温1.5℃能够避免气候变化带来的众多风险和影响,但是对全球应对气候变化也提出了更高的减排幅度要求和更为紧迫的时间要求(IPCC,2018)。实现全球2℃温升控制,CO_2排放需要在2070年左右达到净零;而1.5℃温控目标下,CO_2排放需要在2050年达到净零。IPCC第五次评估报告(Fifth Assessment Report,AR5)和《全球升温1.5℃特别报告》中都提出BECCS等相关的CDR技术是未来有望将全球升温稳定在低水平的关键技术,获得了学术界和政治领域的广泛关注。

实现全球升温控制在2℃/1.5℃目标,需要快速从传统的化石燃料消费转移到低碳能源,并使用CDR等非常规减排措施,包括BECCS、植树造林和再造林、土地恢复和土壤碳封存、直接从空气中进行碳捕获、增强风化作用和海洋碱化等(Smith et al.,2016)。BECCS是结合生物质能和碳捕集与封存来实现GHG负排放的技术。崔学勤等(2017)以AR5情景数据库作为基础,筛选出249组2℃情景数据,再结合Rogelj等(2015)提出的37组1.5℃情景数据,分析了不同温控目标下CDR技术的主要特征。根据他们的情景样本,2℃目标下有不少情景可以在完全不依赖负排放的情况下实现目标;1.5℃目标下累计净负排放量为230(165~310)Gt CO_2,所有情景都需要依赖负排放技术的大规模应用。van Vuuren等(2018)提到AR5"转型路径评估"一章(IPCC,2014)所纳入的实现辐射强迫2.6 W/m²(约2℃)的114个情景中,104个情景都考虑了以BECCS为代表的CDR技术,占91%以上。他们进一步利用IMAGE(integrated model to assess the greenhouse effect,温室效应综合评估模型)尝试回答实现温升控制1.5℃目标是否有必要发展BECCS的问题。在他们的研究中,各种主要的GHG减排措施都进行了详细的量化评估,这些措施包括:在所有部门和地区快速推广最佳适用技术

① 本节内容主要引自:常世彦,郑丁乾,付萌. 2019. 2℃/1.5℃温控目标下生物质能结合碳捕集与封存技术(BECCS)[J]. 全球能源互联网,2(3):277-287. 出版时有所改动。

（best available technologies）以提高能源和资源利用效率；实现终端部门更高的电气化水平，促进可再生能源发展；生活方式显著改变；采用最佳适用技术减少非 CO_2 GHG 排放等。研究表明，每一项减排措施都可以大大提高实现 1.5℃温控目标的可能性，但是只有当同时采用以上所有措施时，才有可能不需要使用 BECCS 技术（van Vuuren et al.，2018）。

BECCS 技术的发展时间和规模是一个复杂的不确定决策问题，很多研究从碳减排需求的角度进行了探讨。Kriegler 等（2018）从全球碳预算的角度分析了以 BECCS 为代表的 CDR 技术的采用规模。根据他们的模拟，全球碳预算高于 6500 亿 tCO_2（2016～2100 年）的时候，可以不采用 CDR 技术；高于 5500 亿 t 低于 6500 亿 t 时，需要依赖 CDR 技术或者地面净碳吸收来实现控制温升 1.5℃的目标；低于 5500 亿 t 时，只有当 CDR 技术以 2040 年超过 40 亿 tCO_2、2050 年超过 100 亿 tCO_2 的进度快速发展时，才能维持温升始终不超过 1.5℃。碳预算越少，对 CDR 技术的需求就越大。Azar 等（2013）从不同温升目标以及是否允许短暂超过温升目标的角度研究了 2℃和 1.5℃下 BECCS 的作用。他们发现在持续维持温升不高于 2℃和允许短暂超过 1.5℃的两个情景下，BECCS 都是从 2040 年左右开始大规模发展，同时如果考虑碳封存能力的总量约束，后一个情景下 BECCS 的利用规模将更高。一些研究人员侧重于研究 BECCS 的发展与社会经济发展状况之间的联系。例如，Fridahl 和 Lehtveer（2018）对共享社会经济路径（shared socioeconomic pathways，SSP）的不同情景（O'Neill et al.，2014；姜彤等，2018）进行了归纳，他们发现在实现 2℃温控目标下，BECCS 使用增长最快且规模最大的情况多数发生在以化石燃料使用为主、延迟减排为主要特征的 SSP5[①]下（Fridahl and Lehtveer，2018）；Rogelj 等（2018）基于 6 个综合评估模型和 1 个气候模型研究了 1.5℃温控目标下的 SSPs 情景，多数模型结果显示，SSP5 情景相比其他情景更有可能提早并更大规模发展 BECCS。《全球升温 1.5℃特别报告》总结提出了实现温升控制 1.5℃的 4 种减排模式。在近中期资源能源消耗最高、CO_2 排放最高的发展模式下，全球从 2030 年左右就需要大规模发展 BECCS。当然，生物质资源的可用性和碳捕集与封存潜力等供给侧问题也是 BECCS 发展的关键要素（van Vuuren et al.，2013）。

综合来看，BECCS 的发展规模在 2050 年为 0～100 亿 tCO_2，2100 年为 0～200 亿 tCO_2，在 CDR 技术中占据着重要份额（如表 4-1 所示）。其发展规模和时间一方面取决于我们设定的减排目标，另一方面取决于常规减排措施的应用情况，最后还取决于 BECCS 的生物质资源可用性和碳捕集与封存能力。未来实际的排

---

① SSP 情景包含可持续发展路径（SSP1）、中间路径（SSP2）、区域竞争路径（SSP3）、不均衡路径（SSP4）、以传统化石燃料为主的路径（SSP5）五种社会经济发展路径。

放沿着怎样的路径前行，仍然是个未知数。但是，考虑全球经济社会发展、政治格局现状等因素，实现温升控制 2℃目标面临很大挑战，实现温升控制 1.5℃目标更是难上加难。UNEP《2023 年排放差距报告》显示，以 2030 年为计算时间点，无条件的国家自主贡献的减排承诺与升温 2℃的差距为 140 亿 tCO_2 当量，与升温 1.5℃的差距为 220 亿 tCO_2 当量。各国现有减排承诺将无法实现《巴黎协定》提出的温控目标，现在比以往任何时候都更需要采取行动，实现大幅减排。目前对于我国实施 BECCS 的研究较少，Jiang 等（2018）认为，在升温控制 1.5℃情景下，BECCS 在 2030 年后将会迅速增加，到 2050 年每年需要移除超过 8.2 亿 t 的 CO_2。

表 4-1　BECCS 对 CO_2 减排的贡献

指标	参考文献	温升控制目标	年份	CO_2 移除量/亿 t
累计 CO_2 移除量	Vaughan 等（2018）	1.5℃	2010～2100	8 029
	Rogelj 等（2018）	1.5℃	2010～2100	1 500～12 000
年 CO_2 移除量	IPCC（2018）	1.5℃	2030	0～10
			2050	0～80
			2100	0～160
	van Vuuren 等（2013）	2℃	2050	0～100
			2100	0～200
	Gough 等（2018）	2℃	2050	20～100
	Smith 等（2016）	2℃	2100	33

4.2　BECCS 发展面临的不确定因素

BECCS 与化石燃料碳捕集与封存的区别是，化石燃料碳捕集与封存仅能做到零排放，而 BECCS 可以实现负排放（Karlsson and Byström，2011）。允许全球 CO_2 排放量暂时超过 1.5℃目标的限值，然后再利用 BECCS 实现升温下降至 1.5℃目标，很多科学家担心这一路径会降低 CO_2 减排的紧迫性，从而影响国际社会常规减排的积极性（陈迎和辛源，2017）。例如，如果 BECCS 所能发挥的效果不如预期呢？如果地球系统实际的反应与气候模式模拟的并不相同呢？有些学者将其称之为 BECCS 的道德风险问题（Gough et al.，2018）。目前对大规模实施 BECCS 的可行性仍然缺乏足够的科学认识。总的来看，有四大不确定因素，包括生物质可供应量、BECCS 技术成熟度、大规模实施 BECCS 的经济性以及 BECCS 技术社会和生态影响的不确定性等，这些因素将极大地影响 BECCS 所发挥的作用。

4.2.1　BECCS 资源可获得性的不确定

1. 适用于 BECCS 的生物质资源种类

适用于能源化利用的生物质资源分布广泛，根据生产要素投入要求的不同，可分为能源植物资源和非种植类资源（常世彦等，2012）。能源植物资源是指以能源生产为主要目的而进行种植的一年生或多年生的植物资源，包括木薯、甜高粱、柳枝稷、芒草、苜蓿等。而非种植类资源主要指各种植物残体及其利用过程中产生的固体废弃物，包括农业剩余物、林业剩余物、生活垃圾中的木质剩余物以及废弃油脂等。对 BECCS 减缓全球气候变化所发挥效用的评估中，生物质原料的资源潜力是一个关键的制约因素。然而能源植物、农业剩余物以及林业剩余物等生物质资源在空间上分布不均匀，可利用的土地面积、环境政策的制约和技术经济的发展等都会影响到生物质的可供应量。

2. 全球生物质原料潜力

生物质原料的资源潜力评估是一项涉及众多因素的工作，研究结果差距较大。一般而言，生物质能潜力可分为理论潜力、技术潜力和实际应用潜力等。理论潜力从自然和气候参数推导得出，不考虑资源转换过程中的能耗，也不考虑任何技术和经济方面的实施障碍（IPCC，2012）。技术潜力是仅考虑技术的可能产出，不考虑经济和政策约束（IPCC，2012）。IPCC（2012）估计全球生物质能最高理论潜力大约为 1500 EJ/a，2050 年全球生物质能技术潜力上限可达到 500 EJ/a，考虑社会经济的发展、气候变化，以及土地、淡水和生物多样性的限制，2050 年可用于能源化利用的生物质潜在的推广利用水平在 100～300 EJ/a（IPCC，2012）。BECCS 发展路径的很多模拟研究所给出的生物质能假设基本都在这一区间范围内。例如，Azar 等（2013）所假设的生物质能资源潜力为 200 EJ/a；Vaughan 等（2018）的研究中，结合碳捕集与封存的生物质能供应量在 2050 年为 128 EJ/a，到 2100 年将达到 150 EJ/a。

从分类型生物质资源来看，Hoogwijk 等（2003）评估的全球秸秆资源总量为 10～32 EJ/a，林业剩余物资源在 10～16 EJ/a。全球农林业剩余物的资源量与未来对生物质能的需求存在一定的差距。这一差距使得能源植物在未来的生物质能供应中占有重要的地位。但是，与农林业剩余物相比，能源植物的利用具有更大的不确定性。2050 年全球适宜种植能源植物的土地面积在 2.3 亿 hm^2 到 37 亿 hm^2 之间，单位面积能源植物产量为 10～60 MJ/（$m^2 \cdot a$），能源植物潜力范围在 28 EJ/a 到 1272 EJ/a 之间，高值和低值相差了近 45 倍（图 4-1）。

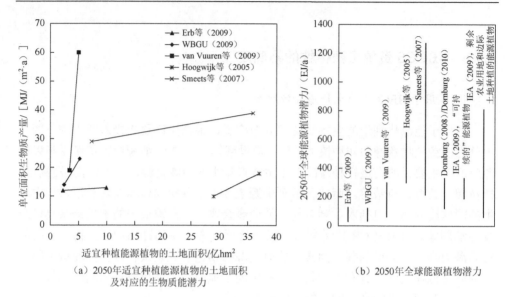

（a）2050年适宜种植能源植物的土地面积
及对应的生物质能潜力

（b）2050年全球能源植物潜力

图 4-1　2050 年全球适宜种植能源植物的土地面积及资源潜力

对于能源植物潜力的估计（表 4-2），Erb 等（2009）和 van Vuuren 等（2009）考虑了严格的限制，包括土地退化、水资源短缺和生物多样性的限制，因此评估的全球能源植物潜力上限分别为 128 EJ/a 和 300 EJ/a。相应地，若考虑更为宽松的约束条件，这一上限将大大增加。Smeets 等（2007）评估的上限为 1272 EJ/a，该研究把所有不需要生产粮食和饲料的过剩农业用地都纳入了适宜种植能源植物的范围，并假设未来粮食生产效率大大提高，减少了粮食生产所需的土地面积，因此评估的能源植物种植面积和产量远大于其他研究。

表 4-2　文献中评估全球能源植物潜力的评估范围、方法和社会经济假设

参考文献	评估范围	估算方法	社会经济假设
Erb 等（2009）	农田和牧区的能源植物潜力	生物质平衡模型	粮食、饲料和生物质能的平衡
van Vuuren 等（2009）	废弃农业用地和天然草地，并考虑了土地退化、水资源短缺和生物多样性的限制，假设废弃农业用地的可利用因子为 75%，天然草地为 50%	IMAGE/TIMER	OECD 环境展望中的参考情景，介于 IPCC《排放情景特别报告》中 A1b（经济高度发展）和 B2（中等假设）情景之间
Hoogwijk 等（2005）	废弃的农业用地、不影响粮食和林业生产、自然保护区、生物多样性和畜牧下的剩余土地，包括热带草原、灌木林和草地	IMAGE 模型	IPCC《排放情景特别报告》中的 4 个情景：A1、A2、B1、B2
Smeets 等（2007）	不需要生产粮食和饲料的过剩农业用地和草地	快速扫描（quickscan）模型	假设未来粮食生产效率大大提高，减少了粮食生产所需的土地面积

注：TIMER 即 the IMAGE energy regional model，温室效应综合评估模型中的能源区域模型

3. 中国生物质原料潜力

中国生物质原料总量的估计也存在较大差异。近期的研究表明，每年秸秆的理论产量范围为 4.33 亿～9.84 亿 t（6.22～14.14 EJ/a），大部分集中在 7 亿～8 亿 t，而秸秆可收集量为 3.72 亿～7.69 亿 t（5.34～11.05 EJ/a）（图 4-2）。相比之下，每年可能源化利用的农作物秸秆仅为 1.52 亿～2.41 亿 t（2.18～3.46 EJ/a）。林业剩余物的生成量变化范围则更大，为 1.69 亿～21.75 亿 t（3.10～39.85 EJ/a），其中林业剩余物的可收集量范围为 2.9 亿～9 亿 t（5.33～16.49 EJ/a）。据常世彦等（2012）估算，我国林业剩余物可收集量到 2050 年约为 11.87 亿 t（19.40 EJ/a），其中，可能源化利用量为 5.35 亿～7.72 亿 t（8.74～12.64 EJ/a），而在考虑其他生物质能利用的前提下，可作为生物液体燃料原料的利用量为 2.1 亿～4.46 亿 t（3.43～7.29 EJ/a）（常世彦等，2012）。中国适宜能源植物发展的土地资源潜力有 4500 万～14 000 万 hm²（图 4-2）。其中适宜种植甜高粱的边际土地在 219 万～5919 万 hm²，

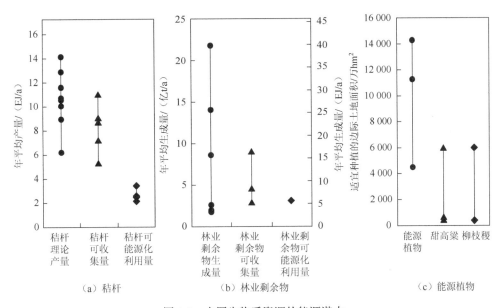

图 4-2　中国生物质资源的能源潜力

资料来源：张蓓蓓等（2018），石祖梁等（2018），张蓓蓓（2018），张崇尚等（2017），Zhang 等（2017），向丽和钟飚（2016），Gao 等（2016），范英（2015），Zhang 等（2015），付畅和吴方卫（2014），Du 等（2014），Qiu 等（2014），常世彦等（2012），刘双娜等（2012），朱建春等（2012），韦茂贵等（2012），Jiang 等（2012），蔡亚庆等（2011），Zhou 等（2011），谢光辉等（2010），徐增让等（2010），张亚平等（2010），Zhang 等（2010），崔明等（2008），张希良和吕文等（2008），刘刚和沈镭（2007），Zeng 等（2007）

注：①图中每一个点表示一篇文献评估的生物质资源量或边际土地面积，竖线代表生物质资源量范围或边际土地范围。②图中秸秆的年平均产量单位亿 t/a 和 EJ/a 按照热值进行对应转换；林业剩余物的年平均生成量单位亿 t/a 和 EJ/a 也按照热值对应转换。秸秆和林业剩余物的热值引自文献 Gao 等（2016），秸秆的平均热值为 14 368 kJ/kg，林业剩余物的平均热值为 18 322 kJ/kg

而适宜种植柳枝稷的边际土地在 128 万～5940 万 hm²。由于受到种植的能源植物类型、边际土地的分布和经济性的影响，考虑不同的约束条件下，适宜种植的边际土地面积差别巨大。例如，Zhang 等（2010）评估可能种植甜高粱的边际土地面积为 5919 万 hm²，当考虑更加严格的坡度、土壤和降雨条件时，适宜的面积仅为 410.5 万 hm²，如果再加上集中连片的未利用土地（土地面积≥100 hm²）的限制，只有 78 万 hm² 的未利用土地适合种植甜高粱。

4.2.2　BECCS 技术成熟度的不确定性

BECCS 技术发展包括生物质能利用和碳捕集与封存两个阶段。从技术层面来看，这两个阶段的技术都存在成熟度的问题。很多先进的生物质能利用技术，如纤维素乙醇、F-T 合成生物燃料和生物质整体气化联合循环（biomass integrated gasification combined cycle，BIGCC）技术，目前尚处在研发示范阶段，未来的发展存在较大不确定性。碳捕集与封存的很多技术也处于示范工程阶段，技术的大规模实施存在众多挑战。碳捕集技术主要包括燃烧前捕集、燃烧后捕集和富氧燃烧技术。虽然燃烧后捕集技术已具有一定商业可行性，但是富氧燃烧等技术仍处于工程示范阶段（常世彦等，2016）。碳封存技术也面临很多挑战，例如，海洋封存及其生态影响尚处于研究阶段（IPCC，2005）。我国的 CO_2 封存潜力可观，但主要集中在咸水层。可实际利用的封存潜力有待论证。

到 2019 年，可收集到信息的 BECCS 示范项目全球有 27 个，其中有很多已经取消或搁置。这些项目大部分分布在美国和欧洲，主要基于现有的乙醇工厂、水泥厂、制浆造纸厂以及生物质混燃和生物质纯发电厂（Karlsson and Byström，2011；Kemper，2015）。目前，我国尚未开展 BECCS 示范项目。美国伊利诺伊州的迪凯特市正在实施的 BECCS 项目［伊利诺伊州工业碳捕集与封存（Illinois Industrial Carbon Capture and Storage，IL-ICCS）］是目前规模最大的 BECCS 项目。该项目在 2017 年 4 月开始运行，每年在玉米转化为乙醇的过程中捕获 100 万 tCO_2。捕获的 CO_2 经过压缩和脱水后，在现场注入到大约 2.1 km 深的西蒙山砂岩地层中永久封存（IEA，2017）。

4.2.3　BECCS 经济影响的不确定性

BECCS 的成本不确定性体现在三个方面，一是链条长，既要考虑生物质能成本，也要考虑碳捕集与封存成本；二是类型多，生物质能和碳捕集与封存不同利用技术间成本差异较大；三是可能的技术进步存在很多不确定性。Smith 等（2016）综合 6 个综合评估模型的评估结果显示，基于秸秆和林业剩余物的 BECCS 成本为每吨碳当量 130～375 美元,根据所涉及的具体技术、部署规模和部署地点的不同,成本的变化范围也相当大,综合来看,BECCS 在 2100 年的平均成本为每吨碳当量 132 美元。BECCS 技术本身的经济性对宏观减排成本具有重要影响。以成本优化为机理的综合评估研究都将 BECCS 作为实现相同温控或碳减排目标下成本最优的方案。Azar 等(2006)的研究显示,在允许短暂超出 1.5℃ 的情景下,BECCS 可以在很大程度上降低减排成本。有少量研究已开展对 BECCS 其他经济影响的分析。Muratori 等(2016)基于全球变化评估模型(glabal change assessment model,GCAM)分析了 BECCS 利用与碳价和粮食价格的关系。他们认为,碳价与生物质和粮食作物价格直接相关。在缓解气候变化的情景中,BECCS 可通过降低碳价和降低生物质总需求,来减少粮食作物价格上涨的压力。IPCC 在 CO_2 捕集与封存特别报告(IPCC,2005)中指出,碳捕集与封存具有降低减排成本以及增加实现 GHG 减排灵活性的潜力,但是没有任何单一的技术方案能够全面满足实现 GHG 稳定性的减排需求,而是需要一种减排措施的组合。

4.2.4　BECCS 社会和生态影响的不确定性

在发展 BECCS 中还可能发生一些"应对目标风险带来次生风险"的问题,即在努力减少目标风险的同时却提高了其他方面的风险(格雷厄姆和威纳,2018)。其中,生物质能的发展本身就面临着对社会和生态影响的质疑。例如,生物质燃料的快速发展对 2008 年全球粮食危机的影响如何?巴西甘蔗乙醇生产对亚马孙流域可能的环境影响如何?全球生物燃料生产是否会诱发大规模天然林采伐,从而导致碳排放量增加?这些问题都还在持续争议中。《全球升温 1.5℃特别报告》也明确提出大规模使用 CO_2 移除技术将会对生物多样性和生态系统产生重大影响。联合国《生物多样性公约》第十次缔约方大会决定在用适当的科学方法对包括 BECCS 在内的地球工程的社会、经济及文化影响进行评价前,缔约方不得开展可能影响生物多样性的大规模地球工程活动。Fajardy 和 Mac Dowell(2017)的一项研究表明,限制全球升温 2℃情景下,BECCS 在 2100 年的 CDR 量为 3.3 Gt,大概需要 3.6 亿～24 亿 hm^2 的边际土地,36 000 亿～157 000 亿 m^3 的水,30～360 Gt 的营养物以及 1.7～2.9 TW 的 BECCS 装机容量。作为对比,这些值的上限分别是目前世界谷物生产土地的 3 倍,是每年世界农业用水的 2 倍(包括蒸发散量),是美国每年营养物使用量的 20 倍,以及世界燃煤电厂总发电量的 1.6 倍。这一研究可能高估 BECCS 对土地、水和营养物的需求,对不同种类 BECCS 的区别以及其技术进步考虑得不够完善,但是这一研究也在一定程度上反映了很多研究人员对大规模发展 BECCS 的担忧。因此,仍然需要认真研究和讨论 BECCS 对土地、水、粮食和基础设施等的影响,权衡相应的次生风险。

4.3 世界主要区域 BECCS 发展潜力及对全球温控
2℃/1.5℃的影响①

发展 BECCS 是应对气候变化的重要措施，许多综合评估模型的研究结论显示，实现全球温控 2℃或 1.5℃目标需要规模化部署 BECCS。但是全球各区域的生物质资源潜力、碳封存能力以及未来可能采用的 BECCS 技术都有较大的差异。这些差异将导致未来各地区在全球温控 2℃/1.5℃目标下的路径选择会有所不同。

本节基于全球情景研究结果，结合全球各区域生物质能统计数据以及各地区 BECCS 发展状况，分析了全球各区域 BECCS 的发展潜力。本节的全球区域划分主要参考 IPCC 的 SSP 数据库②中的区域划分，分为三个层次。第一个层次是将全球分为五个区域，分别是 OECD（包括 1990 年的 OECD 国家以及欧盟成员国和候选国）、REF（东欧国家）、ASIA（除了部分中东国家、日本以外的亚洲国家）、MAF（部分中东和非洲国家）、LAM（拉丁美洲和加勒比海地区的国家）；第二个层次是将全球分为 32 个区域；第三个层次国家。本节主要关注世界主要区域的 BECCS 的潜力，因此在区域划分上保持与 IPCC 数据库中五个区域相同的划分方式。对于区域划分方式不同，但具有重要参考价值的其他来源数据，根据第二层次和第三层次的区域划分规则进行重新聚合后加以分析。

4.3.1 全球各区域生物质能利用概况

生物质能的利用主要分两大类：低效的传统生物质能利用（如将木材和秸秆当作薪柴用于炊事和采暖）和高效的现代生物质能利用（如将生物质转化为固体、液体和气体用于发电、供热、热电联产和交通运输燃料等）（IPCC，2012）。

根据 149 个世界主要国家和地区的能源数据核算，2017 年全球生物质能利用量达到 53.06 EJ，其中 ASIA 区域生物质能利用规模最大，2017 年的利用量约为 20.66 EJ；其次为 MAF 区域和 OECD 区域，生物质能利用规模约为 13.67 EJ 和 12.25 EJ；LAM 区域生物质能利用规模约 5.91 EJ；而 REF 区域生物质能利用规模较小，仅为 0.57 EJ（表 4-3）。生物质能利用中生物质固体燃料的利用量最大。2017 年全球生物质固体燃料利用量达到 46.23 EJ，其中 ASIA 区域和 MAF 区域是占比较大的地区。根据 IEA 统计的 2017 年世界主要区域生物质能利用情况

① 本节内容主要引自：郑丁乾，常世彦，蔡闻佳，等. 温升 2℃/1.5℃情景下世界主要区域 BECCS 发展潜力评估分析[J]. 全球能源互联网，2020，3（4）：351-362. 出版时有所改动。
② 参见 https://tntcat.iiasa.ac.at/SspDb。

（图 4-3），MAF 区域的生物质固体燃料利用量达到 13.67 EJ，大部分用于终端消费，其中住宅用能达到 9.98 EJ，而生物液体燃料、沼气、城市生活垃圾和其他废弃物利用量几乎为零。ASIA 区域的生物质固体燃料利用方式也以住宅用能为主，2017 年住宅用能达到 13.19 EJ，同时 ASIA 区域在生物液体燃料、沼气、城市生活垃圾和其他废弃物的利用上也有一定的比例。相比其他区域，OECD 区域在生物液体燃料、沼气、城市生活垃圾和其他废弃物的利用中占比相对较大，2017 年 OECD 区域的生物液体燃料、沼气和城市生活垃圾和其他废弃物的利用量分别占全球利用量的 66.45%、69.70% 和 70%。从生物质能利用方式来看，全球各区域的生物质固体燃料主要用于住宅用能，部分生物质固体燃料也用于工业以及发电、供热和热电联产等。生物液体燃料基本上用于交通部门，而城市生活垃圾和其他废弃物大部分用于发电、供热和热电联产。比较不同的是沼气的利用，在沼气利用量最大的两个区域中，OECD 区域大部分的沼气用于转化为一次能源，ASIA 区域的沼气主要用于住宅用能。

表 4-3 2017 年世界主要区域生物质能利用概况

生物质能种类	ASIA	LAM	MAF	OECD	REF
生物质固体燃料/EJ	19.47	5.16	13.67	7.58	0.35
生物液体燃料/EJ	0.28	0.73	0	2.00	0
沼气/EJ	0.38	0.02	0	0.92	0
城市生活垃圾和其他废弃物/EJ	0.53	0	0	1.75	0.22
总计/EJ	20.66	5.91	13.67	12.25	0.57

资料来源：IEA（2019）

注：①基于全球 149 个国家和地区的能源数据进行核算，由于缺少部分国家的统计数据，核算的生物质能利用总量略低于全球的统计数据。②统计的生物液体燃料以 t 为单位，为方便数据之间的对比，按乙醇热值 26.9 MJ/kg 进行了换算

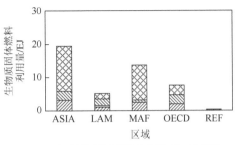

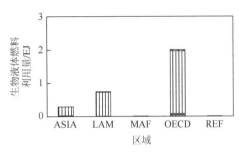

（a）　　　　　　　　　　　　　　　　　（b）

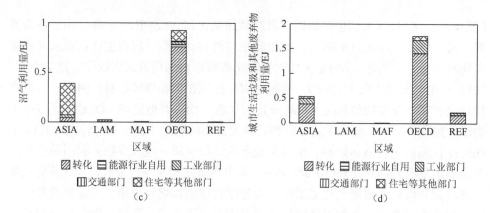

图 4-3　2017 年世界主要区域生物质能利用情况（根据 2017 年 IEA 统计结果整理）

生物质发电是生物质高效利用方式之一。根据国际可再生能源机构（International Renewable Energy Agency，IRENA）的统计结果，2017 年全球生物质发电量达到 495 395 GW·h，相比于 2009 年增加了 218 335 GW·h，其中 OECD 和 ASIA 是占比最大的地区（IRENA，2019）。2017 年 OECD 区域生物质发电量达到 291 214 GW·h，其中生物质固体燃料和城市生活垃圾等发电占 70.05%，生物液体燃料发电占 1.80%，沼气发电占 28.15%。ASIA 区域、LAM 区域和 MAF 区域主要是生物质固体燃料和城市生活垃圾等发电，2017 年 ASIA 区域生物质发电达到 126 718 GW·h，其中生物质固体燃料和城市生活垃圾等发电占 96.74%，沼气发电占 3.26%（图 4-4）。

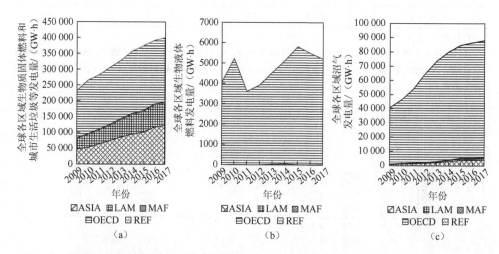

图 4-4　全球各区域不同种类的生物质资源的发电量（根据 2019 年 IRENA 统计结果整理）

城市生活垃圾发电主要分布在 ASIA 和 OECD 区域，2017 年这两个区域的城市生活垃圾发电分别达到 23 250 GW·h 和 33 604 GW·h（图 4-5）。蔗渣发电则主要分布在 LAM 区域，2017 年 LAM 区域的蔗渣发电达到 45 375 GW·h，占全球蔗渣发电量的 84.1%。

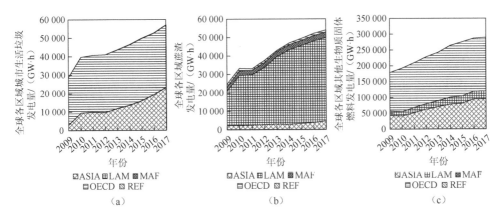

图 4-5　全球各区域不同种类的生物质固体燃料和城市生活垃圾等的发电量（根据 2019 年 IRENA 统计结果整理）

4.3.2　全球各大区域 BECCS 情景分析

1. 情景数据库的主要特征

本节使用 IPCC 的 SSP 数据库和 CD-LINKS 数据库（CD-LINKS[①] Scenario Database）进行评估分析。

SSP 是 IPCC 开发的情景框架，反映了社会经济发展与辐射强迫之间的关联，以及不同社会经济路径所面临的气候变化适应与减缓挑战（Rogelj et al., 2018；罗勇等，2012；张杰等，2013）。其中社会经济情景由 5 条 SSP 路径表示，而气候情景由典型浓度路径（representative concentration pathways，RCP）表示。SSP 路径对应的 RCP2.6 和 RCP1.9 分别代表了 SSP 情景限制全球温升 2℃和 1.5℃的路径，与基准情景一起作为本节综述的 3 类情景。

CD-LINKS 数据库来自 CD-LINKS 项目的主要成果，CD-LINKS 项目主要探讨了气候行动和社会经济发展之间复杂的相互作用，并开发了一系列以当前的国家政策和国家自主贡献作为短期气候行动目标的国家和全球低碳发展路径，同时逐渐过渡到《巴黎协定》中关于 2℃/1.5℃的长期目标（CD-LINKS，2019）。

---

① 利用国际网络和知识共享将气候和发展政策联系起来（Linking Climate and Development Policies-Leveraging International Networks and Knowledge Sharing，CD-LINKS）。

CD-LINKS 以不同的气候政策开发了 8 个不同的情景，其中 NoPolicy（无气候政策影响的基准情景）在本节中按基准情景进行分析报告、NPi2020_1000（当前的国家政策持续到 2020 年，2020 年之后维持 2011～2100 年 1000 Gt CO_2 的碳预算，相当于超过 66%的机会在 21 世纪末达到 2℃温控目标）和 NPi2020_400（当前的国家政策持续到 2020 年，2020 年之后维持 2011～2100 年 400 Gt CO_2 的碳预算，相当于超过 66%的机会在 21 世纪末达到 1.5℃温控目标）在本节中分别按 2℃和1.5℃进行分析报告。以下综述以比较这 3 类情景为主。

SSP 和 CD-LINKS 从不同的角度探讨了未来应对气候变化的路径。其中 SSP 结合未来社会经济发展和 RCP，设计了不同的社会发展模式，代表了不同的减缓和适应挑战。CD-LINKS 则探讨了国家政策与全球温控目标之间的关联。

2. 情景数据库中的生物质能发展情景

众多综合评估模型的研究结果都显示未来全球生物质能利用量将逐步增加（IPCC，2012；IPCC，2018）。

SSP 数据库的基准情景下（图 4-6），ASIA、MAF 和 OECD 区域是发展较快的地区，从 2020 年到 2100 年，这三个区域的生物质能平均利用量分别增加了12.98 EJ/a、13.64 EJ/a 和 14.06 EJ/a。相对而言，LAM 和 REF 区域分别增加了5.75 EJ/a 和 2.58 EJ/a。当考虑全球温控目标的影响时，各区域的生物质能利用量相比基准情景都明显增加（图 4-6）。在全球温升 2℃情景下，ASIA 和 OECD 区域的生物质能平均利用量从 2020 年到 2100 年分别增加了 58.34 EJ/a 和 73.47 EJ/a，而 LAM、MAF 和 REF 区域分别增加了 30.74 EJ/a、30.27 EJ/a 和 12.74 EJ/a。当考虑更为严格的温控目标时，各区域的生物质能利用量增加量相对有限，结合各区域的生物质资源潜力，预计当生物质能的利用量达到较高水平时，将更多地受制于土地、水、粮食安全等上限约束。

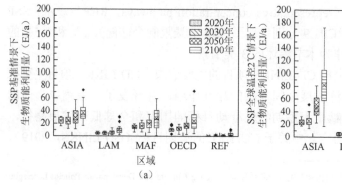
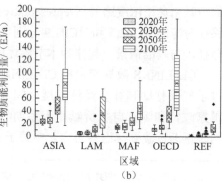

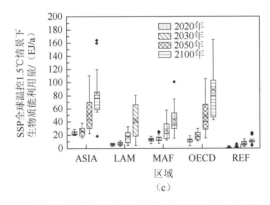

图 4-6　SSP 数据库中不同温控目标下各区域的生物质能发展潜力

CD-LINKS 数据库中，基准情景下的生物质能利用量也同样在不断增加。从 2020 年到 2100 年，ASIA、LAM、MAF、OECD 和 REF 区域的生物质能平均利用量分别增加了 4.04 EJ/a、5.13 EJ/a、7.85 EJ/a、15.54 EJ/a 和 1.29 EJ/a（图 4-7）。

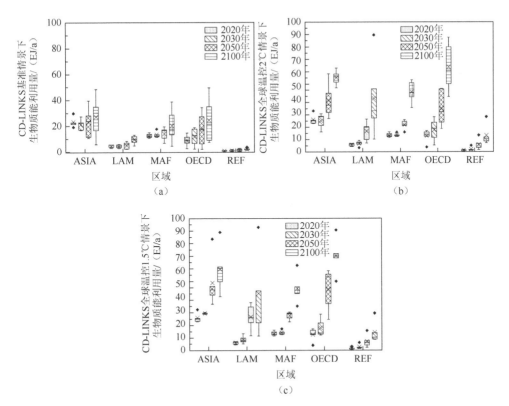

图 4-7　CD-LINKS 情景中不同温控目标下各区域的生物质能发展

在温控 2℃情景下，CD-LINKS 数据库中 ASIA 和 OECD 区域的生物质能平均利用量的增加（2020～2100 年，ASIA 和 OECD 区域的生物质能利用量分别增加了32.66 EJ/a 和 53.43 EJ/a）相对于 SSP 数据库（2020～2100 年，ASIA 和 OECD 区域的生物质能平均利用量分别增加了 58.34 EJ/a 和 73.47 EJ/a）有一定减少。

从转化为二次能源的生物质能利用方式上看，生物质发电、生物质制氢、生物液体燃料以及沼气是未来主要的生物质能利用方式（图 4-8）。SSP 数据库的基准情景下，未来的生物质能利用以生物质发电和生物液体燃料为主，并且在不断增加。相对而言，生物质制氢无论是总量和增加幅度都十分微小，而部分区域的沼气的利用量还在缓慢下降。当考虑到温控条件约束时，生物质发电和生物液体燃料依然是主要的利用方式。与基准情景下各区域的生物质制氢接近于 0（2020 年各区域在基准情景下的生物质制氢平均利用量约为 0 EJ/a，2100 年为 0.01～0.16 EJ/a）不同的是，温控情景下生物质制氢利用量将大幅增加。2100 年各区域生物质制氢在 2℃温控情景下的平均利用量为 0.92～6.45 EJ/a，在 1.5℃温控情景下的平均利用量为 1.24～8.76 EJ/a。情景研究结果表明沼气受到温控目标的约束

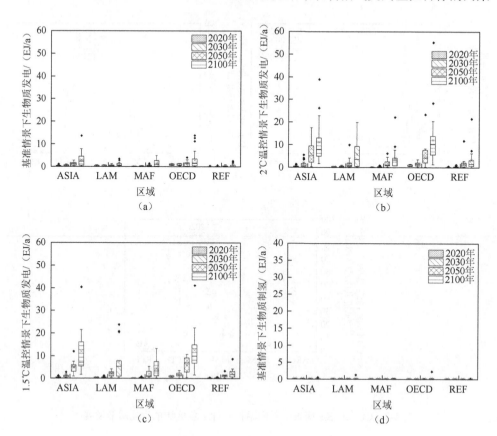

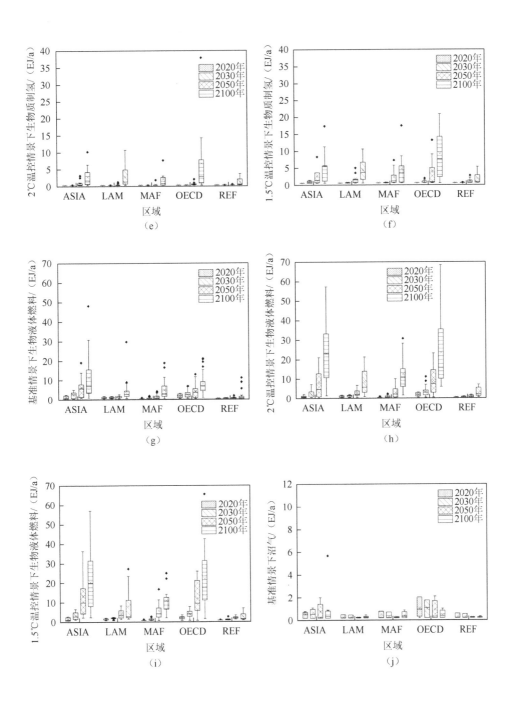

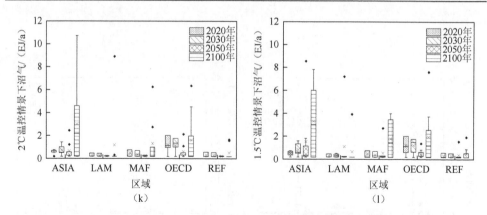

图4-8　SSP数据库中各区域生物质能利用方式

相对较小,基准情景下,除了OECD区域在2020~2100年下降了0.59 EJ/a,各区域基本维持当前的利用水平。在温控条件约束下,沼气的增加量也很小,其中ASIA是增加最大的区域,2020~2100年,2℃和1.5℃温控情景下分别增加了2.51 EJ/a和2.84 EJ/a,其他区域分别增加了0.19~0.94 EJ/a和0.17~1.42 EJ/a。

3. 情景数据库中BECCS发展情景

由于各区域的生物质资源量、技术路线的选择以及社会经济发展水平的差异,各区域的BECCS潜力也存在着较大的差异。生物质资源相对丰富的ASIA和OECD地区,BECCS发展得较早,而且发展的潜力也较大。实际上目前已有的BECCS示范项目基本上分布在OECD区域(Kemper,2015)。考虑到BECCS技术的发展,情景数据的结果表明各区域BECCS在2030年以前的发展十分缓慢。例如,SSP数据库的2℃温控情景下,2030年全球BECCS的利用量为0~29.83 EJ/a,到2050年迅速增加到5.48~159.60 EJ/a,其中ASIA和OECD是发展较快的地区,2050年分别为1.78~54.38 EJ/a和2.00~59.01 EJ/a,其余区域为0~30.12 EJ/a。全球温控1.5℃情景下,BECCS的发展与2℃情景类似,但是发展速度和利用量都更大。以BECCS发展潜力最大的两个区域为例,全球温控1.5℃情景下,ASIA区域在2030年和2050年的BECCS发展潜力分别为0.04~6.37 EJ/a和5.60~103.41 EJ/a;OECD区域为0.04~9.91 EJ/a和5.18~102.81 EJ/a(图4-9)。

CD-LINKS数据库中,BECCS同样在2030年左右开始进入快速发展阶段。2℃温控情景下,2030年全球BECCS的利用量为0~6.51 EJ/a,到2050年达到34.10~69.51 EJ/a,其中OECD是发展最快的地区,其2050年BECCS的利用量为10.46~19.52 EJ/a。1.5℃温控情景下,各区域的BECCS利用量和发展速度也进一步扩大,2030年全球BECCS发展潜力为0~7.36 EJ/a,到2050年,全球BECCS发展潜力将达到37.46~128.50 EJ/a(图4-10)。

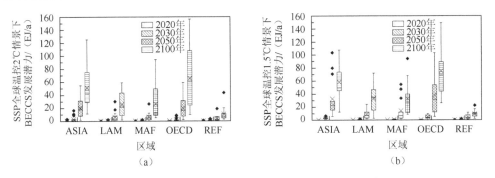

图 4-9　SSP 情景中不同温控目标下各区域的 BECCS 发展

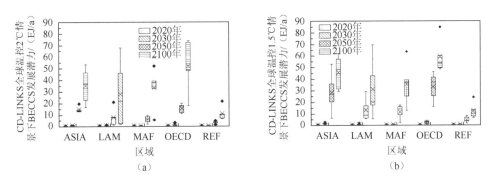

图 4-10　CD-LINKS 情景中不同温控目标下各区域的 BECCS 发展

　　从转化为二次能源的 BECCS 技术路线来看，主要包括生物质发电、生物质制氢以及生物液体燃料三类。其中生物质发电和生物液体燃料结合碳捕集与封存占比较大，而生物质制氢的占比较小，但是当提高温控目标到 1.5℃时，生物质制氢的增加量相对较大。2100 年，全球温控 1.5℃情景下生物质制氢结合碳捕集与封存的利用量为 22.85 EJ/a，相对于 2℃情景增加了 8.51 EJ/a，作为对比，2100 年全球温控 1.5℃情景下生物质发电仅增加 3.80 EJ/a（图 4-11）。

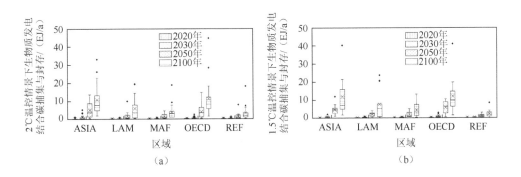

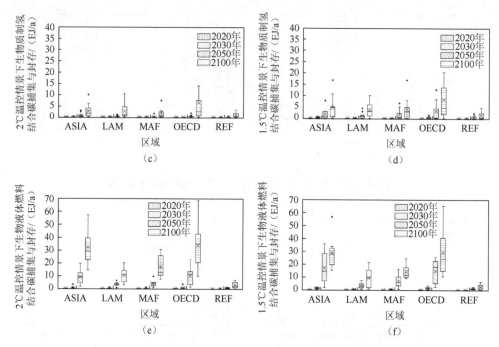

图 4-11　SSP 数据库中各区域温控 2℃/1.5℃下的 BECCS 技术路线

全球温升 2℃情景下，BECCS 在生物质能中的比重从 2030 年开始进入快速增长阶段，各区域占比从 2030 年的 2.7%～24.55%增加到 2050 年的 26.96%～55.33%。从 2070 年开始各区域的 BECCS 占生物质能的比重稳定在 60%～80%（图 4-12）。不同区域 BECCS 在总生物质能利用量中的占比也有差距，2020～

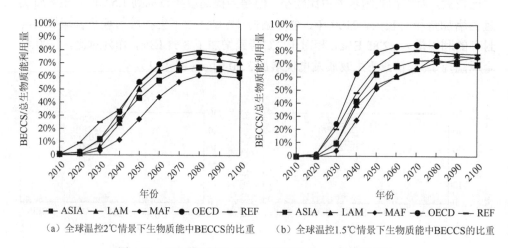

图 4-12　SSP 数据库生物质能利用量中 BECCS 的比重

2100 年的大部分时间里 OECD 是占比最大的区域,而 MAF 是占比最小的区域。全球 1.5℃温控情景下,BECCS 在生物质能中的比重也是在 2030 年开始迅速增加。与 2℃温控相比,1.5℃温控情景下生物质能中 BECCS 的比重更早趋于稳定,并且比重更高。2050 年各区域 BECCS 的比重就达到 51.74%~79.15%,并且继续增加,到 2100 年,OECD 区域 BECCS 在生物质能利用中的比重达到最高的 84.52%,即使比重最低的 ASIA 区域也达到 70.01%。

综合各区域的生物质能和 BECCS 技术的发展潜力来看,OECD 区域当前的生物质能利用量、生物质能发展和 BECCS 的发展都具有较大的潜力。根据欧盟委员会在《欧洲绿色新政》中的目标,欧盟将会在 2050 年实现净零排放,为此,欧盟计划 2030 年 GHG 排放目标将比 1990 年的水平减少 50%,力争达到 55%。ASIA 区域的生物质种类主要以生物质固体资源为主,并且能源的转化主要集中在生物质发电领域,因此生物质固体燃料结合 CCS 是 ASIA 区域的主要发展方向,例如,Ricci(2013)的研究显示,就电力部门而言,BECCS 将会在我国和印度等发展中国家快速发展。当前 ASIA 区域的生物液体燃料利用量较小,按照未来温控 2℃和 1.5℃情景下的生物液体燃料的发展潜力来看,生物液体燃料结合碳捕集与封存具有较大的发展空间。MAF 区域的生物质能利用主要集中在生物质固体燃料,未来在生物质发电和生物液体燃料结合碳捕集与封存上会有较大的发展。LAM 和 REF 区域目前的生物质能利用水平相对较低,全球温控 2℃和 1.5℃情景下需要逐步发展生物质发电、生物质制氢和生物液体燃料结合碳捕集与封存。

4.4 我国发展 BECCS 的建议

本节分析了近年来 BECCS 技术相关的研究进展,梳理了实现温控目标下 BECCS 的主要影响因素。在此基础上,提出了 BECCS 发展需要考虑的四大不确定因素,并指出 BECCS 在未来电力能源系统中可能发挥的作用有待进一步研究。总体来看,考虑我国自身的能源结构和经济发展阶段,较高的碳排放总量和人均排放量将长期存在,未来我国将面临更大的减排压力。我国应高度重视 BECCS 的研究,积极谋划相关战略和行动,支持相关研究的开展。以往我国国内对 BECCS 的关注不多,研究尚显薄弱。从全球层面看,我们对 BECCS 应该持何种态度?我国是否需要发展 BECCS?如果要发展,如何合理部署相关战略?这些问题的回答,都有赖进一步深入的科学研究、技术创新和产业实践。

总体来看,规模化发展 BECCS 技术能够为我国经济社会发展提供负排放空间,为我国实现碳中和目标提供重要技术支撑。我国需要对 BECCS 的战略定位、技术路径和发展规划开展系统研究,对资源、技术和风险防控等方面加强综合评估。具体建议如下。

（1）加强适用于 BECCS 的生物质资源评估。构建长时间尺度的生物质资源监测、评价和决策支持体系，加强对农业剩余物、林业剩余物、能源植物等不同类型生物质资源的系统研究。

（2）加强适用于 BECCS 的生物质能技术评估，研究碳中和目标下 BECCS 技术发展路线图。重点比较生物质发电、燃煤耦合生物质发电、航空燃料生物以及生物质制氢结合碳捕集与封存在我国推广应用的可行性和经济性，推进建设全流程、集成化、规模化 BECCS 示范项目。

（3）加快推进 BECCS 国际技术创新合作。针对全球在规模化部署 BECCS 上的切实需求，将 BECCS 列为我国碳中和领域国际大科学计划和大工程项目的重要内容，以大科学计划和大工程项目等科研组织模式来带动 BECCS 技术的创新突破。将 BECCS 作为中美、中欧、中英等双边框架下技术创新合作的重要内容，同时将 BECCS 纳入"一带一路"技术合作框架，系统评价 BECCS 在共建"一带一路"国家的适用性、应用潜力与可能影响。

（4）构建 BECCS 风险防控与可持续管理体系。系统评估 BECCS 技术规模化应用的社会、经济、环境和生态影响与潜在风险，研究部署风险防控与可持续管理体系。

参 考 文 献

蔡亚庆, 仇焕广, 徐志刚. 2011. 中国各区域秸秆资源可能源化利用的潜力分析[J]. 自然资源学报, 26（10）：1637-1646.

常世彦, 康利平. 2017. 国际生物质能可持续发展政策及对中国的启示[J]. 农业工程学报, 33（11）：1-10.

常世彦, 赵丽丽, 张婷, 等. 2012. 生物液体燃料[C]//清华大学中国车用能源研究中心. 中国车用能源展望. 北京：科学出版社：178-219.

常世彦, 郑丁乾, 付萌. 2019. 2℃/1.5℃温控目标下生物质能结合碳捕集与封存技术（BECCS）[J]. 全球能源互联网, 2（3）：277-287.

常世彦, 卓建坤, 孟朔, 等. 2016. 中国清洁煤技术：现状和未来前景[J]. Engineering, 2（4）：447-459.

陈迎, 辛源. 2017. 1.5℃温控目标下地球工程问题剖析和应对政策建议[J]. 气候变化研究进展, 13（4）：337-345.

崔明, 赵立欣, 田宜水, 等. 2008. 中国主要农作物秸秆资源能源化利用分析评价[J]. 农业工程学报, 24（12）：291-296.

崔学勤, 王克, 傅莎, 等. 2017. 2℃和1.5℃目标下全球碳预算及排放路径[J]. 中国环境科学, 37（11）：4353-4362.

范英. 2015. 粮食安全和能源安全约束下我国生物质能源发展路径研究：来自资源禀赋条件下的选择[J]. 粮食经济研究,（2）：76-91.

付畅, 吴方卫. 2014. 我国燃料乙醇的生产潜力与发展对策研究[J]. 自然资源学报, 29（8）：

1430-1440.
格雷厄姆 J，威纳 J. 2018. 环境与健康领域的风险权衡[M]. 徐建华，薛澜，译. 北京：清华大学出版社.
姜彤，赵晶，曹丽格，等. 2018. 共享社会经济路径下中国及分省经济变化预测[J]. 气候变化研究进展，14（1）：50-58.
刘刚，沈镭. 2007. 中国生物质能源的定量评价及其地理分布[J]. 自然资源学报，22（1）：9-19.
刘双娜，周涛，舒阳，等. 2012. 基于遥感降尺度估算中国森林生物量的空间分布[J]. 生态学报，32（8）：2320-2330.
罗勇，曹丽格，方玉，等. 2012. IPCC影响评估中的社会经济新情景（SSPs）进展[J]. 气候变化研究进展，8（1）：74-78.
石祖梁，李想，王久臣，等. 2018. 中国秸秆资源空间分布特征及利用模式[J]. 中国人口·资源与环境，28（S1）：202-205.
韦茂贵，王晓玉，谢光辉. 2012. 中国各省大田作物田间秸秆资源量及其时间分布[J]. 中国农业大学学报，17（6）：32-44.
向丽，钟飚. 2016. 土地约束下我国生物燃料发展的作物选择与潜力分析[J]. 南京工业大学学报（社会科学版），15（3）：86-91，110.
谢光辉，王晓玉，任兰天. 2010. 中国作物秸秆资源评估研究现状[J]. 生物工程学报，26（7）：855-863.
徐增让，成升魁，谢高地. 2010. 甜高粱的适生区及能源资源潜力研究[J]. 可再生能源，28（4）：118-122.
张蓓蓓. 2018. 我国生物质原料资源及能源潜力评估[D]. 北京：中国农业大学.
张蓓蓓，马颖，耿维，等. 2018. 4种能源植物在中国的适应性及液体燃料生产潜力评估[J]. 太阳能学报，39（3）：864-872.
张崇尚，刘乐，陆岐楠，等. 2017. 中国秸秆能源化利用潜力与秸秆能源企业区域布局研究[J]. 资源科学，39（3）：473-481.
张杰，曹丽格，李修仓，等. 2013. IPCC AR5中社会经济新情景（SSPs）研究的最新进展[J]. 气候变化研究进展，9（3）：225-228.
张希良，吕文，等. 2008. 中国森林能源[M]. 北京：中国农业出版社.
张亚平，孙克勤，左玉辉. 2010. 中国发展能源农业的环境效益的定量评价和地理分布格局分析[J]. 农业环境科学学报，29（5）：826-832.
朱建春，李荣华，杨香云，等. 2012. 近30年来中国农作物秸秆资源量的时空分布[J]. 西北农林科技大学学报（自然科学版），40（4）：139-145.
Azar C，Johansson D J A，Mattsson N. 2013. Meeting global temperature targets：the role of bioenergy with carbon capture and storage[J]. Environmental Research Letters，8（3）：034004.
Azar C，Lindgren K，Larson E，et al. 2006. Carbon capture and storage from fossil fuels and biomass-costs and potential role in stabilizing the atmosphere[J]. Climatic Change，74（1/2/3）：47-79.
Beringer T，Lucht W，Schaphoff S. 2011. Bioenergy production potential of global biomass plantations under environmental and agricultural constraints[J]. GCB Bioenergy，3（4）：299-312.
Biorecro A B. 2011. Global status of BECCS projects 2010[R].
CD-LINKS. 2019. Linking climate and sustainable development：policy insights from national and

global pathways[R]. Laxenburg：International Institute for Applied Systems Analysis（IIASA）.

Dornburg V. Faaij A，Verweij P. et al. 2008. Assessment of global biomass potentials and their links to food，water，biodiversity，energy demand and economy. Netherlands Environmental Assessment Agency[EB/OL]. https://www.researchgate.net/publication/40098411_Assessment_of_global_ biomass_potentials_and_their_links_to_food_water_biodiversity_energy_demand_and_economy_ Main_report[2022-06-25].

Dornburg V，van Vuuren D，van de Ven G，et al. 2010. Bioenergy revisited：key factors in global potentials of bioenergy[J]. Energy & Environmental Science，3：258-267.

Du L，Zhou T，Zou Z H，et al. 2014. Mapping forest biomass using remote sensing and national forest inventory in China[J]. Forests，5（6）：1267-1283.

Erb K H，Haberl H，Krausmann F，et al. 2009. Eating the planet：feeding and fuelling the world sustainably，fairly and humanely：a scoping study[M]. Vienna：Institute of Social Ecology.

Fajardy M，Mac Dowell N. 2017. Can BECCS deliver sustainable and resource efficient negative emissions?[J]. Energy & Environmental Science，10（6）：1389-1426.

Fridahl M，Lehtveer M. 2018. Bioenergy with carbon capture and storage（BECCS）：global potential，investment preferences，and deployment barriers[J]. Energy Research & Social Science，42：155-165.

Gao J，Zhang A P，Lam S K，et al. 2016. An integrated assessment of the potential of agricultural and forestry residues for energy production in China[J]. GCB Bioenergy，8（5）：880-893.

GCCSI. 2016. Global storage portfolio：a global assessment of the geological CO_2 storage resource potential[M]. Melbourne：Global CCS Institute.

Gough C，Garcia-Freites S，Jones C，et al. 2018. Challenges to the use of BECCS as a keystone technology in pursuit of 1.5℃[J]. Global Sustainability，1：e5.

Haberl H，Beringer T，Bhattacharya S C，et al. 2010. The global technical potential of bio-energy in 2050 considering sustainability constraints[J]. Current Opinion in Environmental Sustainability，2（5/6）：394-403.

Heck V，Gerten D，Lucht W，et al. 2018. Biomass-based negative emissions difficult to reconcile with planetary boundaries[J]. Nature Climate Change，8（2）：151-155.

Hoogwijk M，Faaij A，Eickhout B，et al. 2005. Potential of biomass energy out to 2100，for four IPCC SRES land-use scenarios[J]. Biomass and Bioenergy，29（4）：225-257.

Hoogwijk M，Faaij A，van den Broek R，et al. 2003. Exploration of the ranges of the global potential of biomass for energy[J]. Biomass and Bioenergy，25（2）：119-133.

IEA. 2009. Bioenergy：a sustainable and reliable energy source[EB/OL]. https://publications.tno.nl/ publication/34627904/P1i42V/b10011.pdf[2024-10-09].

IEA. 2013. Technology roadmap：carbon capture and storage（2013 edition）[EB/OL]. https://www.iea. org/reports/technology-roadmap-carbon-capture-and-storage-2013[2024-10-09].

IEA. 2017. Technology roadmap：delivering sustainable bioenergy[EB/OL]. https://www.iea.org/ reports/technology-roadmap-delivering-sustainable-bioenergy[2024-10-09].

IEA. 2019. World energy statistics（2019 edition）[EB/OL]. https://www.iea.org/data-and-statistics/ data-product/world-energy-statistics[2024-10-09].

IPCC. 2005. Carbon dioxide capture and storage[EB/OL]. https://www.ipcc.ch/report/carbon-dioxide-capture-and-storage/[2022-06-25].

IPCC. 2012. Renewable energy sources and climate change mitigation[EB/OL]. https://www.ipcc.ch/report/renewable-energy-sources-and-climate-change-mitigation/[2022-06-25].

IPCC. 2014. AR5 synthesis report：climate change 2014[EB/OL]. https://www.ipcc.ch/report/ar5/syr/[2022-06-25].

IPCC. 2018. Summary for policymakers[EB/OL]. https://www.ipcc.ch/sr15/chapter/spm/[2022-06-25].

IRENA. 2019. Renewable energy statistics 2019[EB/OL]. https://www.irena.org/publications/2019/Jul/Renewable-energy-statistics-2019[2022-06-25].

Jans Y，Berndes G，Heinke J，et al. 2018. Biomass production in plantations：land constraints increase dependency on irrigation water[J]. GCB Bioenergy，10（9）：628-644.

Jiang D，Zhuang D F，Fu J Y，et al. 2012. Bioenergy potential from crop residues in China：availability and distribution[J]. Renewable and Sustainable Energy Reviews，16（3）：1377-1382.

Jiang K J，He C M，Dai H C，et al. 2018. Emission scenario analysis for China under the global 1.5℃ target[J]. Carbon Management，9（5）：481-491.

Karlsson H，Byström L. 2011. Global status of BECCS projects 2010[R]. Global CCS Institute & Biorecro AB.

Kemper J. 2015. Biomass and carbon dioxide capture and storage：a review[J]. International Journal of Greenhouse Gas Control，40：401-430.

Kriegler E，Luderer G，Bauer N，et al. 2018. Pathways limiting warming to 1.5℃：a tale of turning around in no time?[J]. Philosophical Transactions Series A，Mathematical，Physical，and Engineering Sciences，376（2119）：20160457.

Muratori M，Calvin K，Wise M，et al. 2016. Global economic consequences of deploying bioenergy with carbon capture and storage（BECCS）[J]. Environmental Research Letters，11（9）：095004.

O'Neill B C，Kriegler E，Riahi K，et al. 2014. A new scenario framework for climate change research：the concept of shared socioeconomic pathways[J]. Climatic Change，122（3）：387-400.

Qiu H G，Sun L X，Xu X L，et al. 2014. Potentials of crop residues for commercial energy production in China：a geographic and economic analysis[J]. Biomass and Bioenergy，64：110-123.

REN21. 2019. Renewables 2019 Global status report[EB/OL]. https://stg-wedocs.unep.org/handle/20.500.11822/28496[2022-06-25].

Ricci O，Selosse S. 2013. Global and regional potential for bioelectricity with carbon capture and storage[J]. Energy Policy，52：689-698.

Rogelj J，Luderer G，Pietzcker R C，et al. 2015. Energy system transformations for limiting end-of-century warming to below 1.5℃[J]. Nature Climate Change，5（6）：519-527.

Rogelj J，Popp A，Calvin K V，et al. 2018. Scenarios towards limiting global mean temperature increase below 1.5℃[J]. Nature Climate Change，8（4）：325-332.

Searle S，Malins C. 2015. A reassessment of global bioenergy potential in 2050[J]. GCB Bioenergy，7（2）：328-336.

Slade R，Bauen A，Gross R. 2014. Global bioenergy resources[J]. Nature Climate Change，4（2）：99-105.

Smeets E，Faaij A，Lewandowski I，et al. 2007. A bottom-up assessment and review of global bio-energy potentials to 2050[J]. Progress in Energy and Combustion Science，33（1）：56-106.

Smith P，Davis S J，Creutzig F，et al. 2016. Biophysical and economic limits to negative CO_2 emissions[J]. Nature Climate Change，6（1）：42-50.

UNEP. 2023. Emissions gap report 2023：broken record：temperatures hit new highs，yet world fails to cut emissions（again）[EB/OL]. https://wedocs.unep.org/bitstream/handle/20.500.11822/43922/EGR2023.pdf?sequence=3[2024-08-31].

van Vuuren D P，Deetman S，van Vliet J，et al. 2013. The role of negative CO_2 emissions for reaching 2℃：insights from integrated assessment modelling[J]. Climatic Change，118（1）：15-27.

van Vuuren D P，Stehfest E，Gernaat D E H J，et al. 2018. Alternative pathways to the 1.5℃ target reduce the need for negative emission technologies[J]. Nature Climate Change，8（5）：391-397.

van Vuuren D P，van Vliet J，Stehfest E. 2009. Future bio-energy potential under various natural constraints[J]. Energy Policy，37（11）：4220-4230.

Vaughan N E，Gough C，Mander S，et al. 2018. Evaluating the use of biomass energy with carbon capture and storage in low emission scenarios[J]. Environmental Research Letters，13（4）：044014.

WBA. 2018. Global bioenergy statistics 2018[R]. Stockholm：World Bioenergy Association.

WBGU. 2009. Future bioenergy and sustainable land use[EB/OL]. https://www.globalbioenergy.org/uploads/media/0810_WBGU_-_World_in_transition_future_bioenergy_and_sustainable_land_use.pdf[2024-08-31].

Zeng X Y，Ma Y T，Ma L R. 2007. Utilization of straw in biomass energy in China[J]. Renewable and Sustainable Energy Reviews，11（5）：976-987.

Zhang C X，Xie G D，Li S M，et al. 2010. The productive potentials of sweet sorghum ethanol in China[J]. Applied Energy，87（7）：2360-2368.

Zhang C X，Zhang L M，Xie G D. 2015. Forest biomass energy resources in China：quantity and distribution[J]. Forests，6（12）：3970-3984.

Zhang X，Fu J Y，Lin G，et al. 2017. Switchgrass-based bioethanol productivity and potential environmental impact from marginal lands in China[J]. Energies，10（2）：260.

Zhou X P，Wang F，Hu H W，et al. 2011. Assessment of sustainable biomass resource for energy use in China[J]. Biomass and Bioenergy，35（1）：1-11.

第5章 生物质能减排潜力

5.1 生物质能减排潜力的主要研究方法[①]

评价不同减排措施的减排潜力是应对气候变化研究中十分重要的内容。IPCC第三次评估报告中将减排潜力（mitigation potential）划分为物理减排潜力（physical mitigation potential）、技术减排潜力（technological mitigation potential）、社会经济减排潜力（socioeconomic mitigation potential）、经济减排潜力（economic mitigation potential）和市场减排潜力（market mitigation potential）五个层次（Banuri et al.，2001）。其中经济减排潜力是在考虑一定的技术基础、社会需求等条件下，可以成本-效益最优的方式实现的减排量。

生物质能减排潜力的分析既要考虑技术可行的减排能力，也需要从经济的角度考虑可实现的减排能力，是一个复杂的系统分析问题。生物质能供应链较长，从原料生产和收集、燃料转化到产品应用，不同阶段要素和产品间都有着复杂的替代竞争关系。例如，在原料生产阶段，可以作为生物质能原料的能源作物和可以作为粮食与饲料用途的作物之间可能会产生一定的替代竞争关系；在产品应用阶段，生物质能与传统油品或煤基燃料也会有一定的替代竞争关系。为了更好地刻画这些关系，国内外很多研究机构都开发了相应的模型方法来对生物质能加以分析。根据这些模型方法侧重点的不同，可以将其分为农林业系统模型、能源系统模型、综合评估模型以及生物质能专项模型四种。农林业系统模型侧重于刻画生物质能原料间的均衡关系以及由原料所导致的土地和水资源等生产要素的优化配置，能源系统模型侧重于刻画生物质能与其他能源产品之间的均衡，综合评估模型试图将这些均衡关系放在同一个模型框架内进行分析，生物质能专项模型强调对生物质能不同原料和燃料技术路线间关系的细致刻画（图5-1）。

5.1.1 农林业系统模型

以粮食、糖类或油料作物作为原料的生物质能，如美国的玉米乙醇，巴西的甘蔗乙醇和欧洲的甜菜柴油，通常被称为一代生物质能，其原料往往是国际农产

① 本节主要内容引自：常世彦，张希良，赵丽丽，等. 2011. 生物燃料系统分析模型[J]. 生物工程学报，27（3）：502-509. 出版时有所改动。

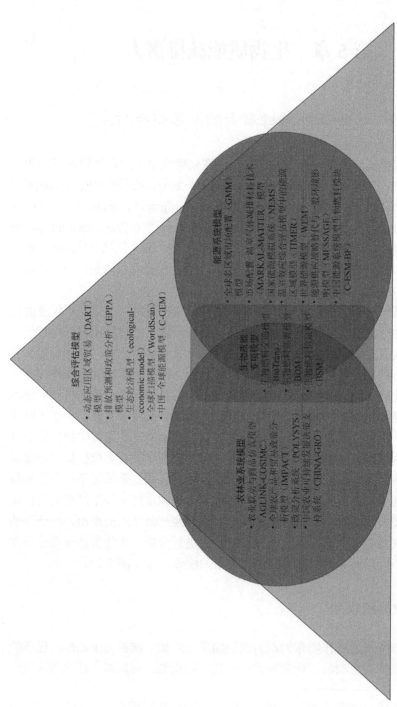

图 5-1　生物质能系统分析模型分类框架图

DART 即 dynamic applied regional trade；EPPA 即 emissions prediction and policy analysis；C-GEM 即 China-in-global energy model；AGLINK-COSIMC 即 agricultural linkage-commodity simulation model；IMPACT 即 international model for policy analysis of agricultural commodities and trade；POLYSYS 即 POLYSYS policy analysis system；BDM 即 biofuels deployment model；BSM 即 biofuel scenario model；GMM 即 global multi-regional market allocation；MARKAL-MATTER 即 market allocation-materials technologies for GHG emission reduction；NEMS 即 national energy modeling system；WEM 即 world energy model；MESSAGE 即 model of energy supply strategy alternatives and their general environmental impacts；C-ESM-BF 即 China energy system model-biofuel

品市场的重要构成部分。将这些农产品用作生物质能的原料会对其原本市场结构产生一定影响，从而影响全球农产品的供应和需求。因此，很多农林业国际组织与研究机构都将目光投向了生物质能领域，分析生物质能与全球农产品市场的供需和价格之间的关系（表 5-1）。FAO 和国际粮食政策研究所（International Food Policy Research Institute，IFPRI）等是该领域的主要代表研究机构。纳入生物质能的产品仿真模型为 OECD 和 FAO 共同发布的《经合组织-粮农组织农业展望》（OECD-FAO Agriculture Outlook）和 FAO 的《粮食及农业状况》（The State of Food and Agriculture）提供了重要的分析依据。

表 5-1 农林业系统模型

模型	开发者	建模方法	应用
AGLINK-COSIMC	OECD 与 FAO	局部均衡理论	在《经合组织-粮农组织农业展望》系列报告中用于分析生物燃料市场和政策影响（OECD and FAO，2008）
IMPACT	IFPRI	局部均衡理论	Msangi 等（2007）设计了三种不同情景，即基础情景、第二代情景和二代加情景，评估全球生物质能的影响和意义
POLYSYS	田纳西大学	混合	de la Torre Ugarte 等（2007）研究增加燃料乙醇和生物柴油产量产生的影响，指出在不使用保护性储备计划土地的情况下，可以实现生产 600 亿 gal[1] 乙醇和 16 亿 gal 生物柴油。Walsh 等（2007）分析了美国 2025 年交通运输燃料 25%的供应量对农业需求和农民收入的影响
CHINA-GRO	阿姆斯特丹自由大学和中国科学院	局部均衡理论	黄季焜等（2009）分析中国燃料乙醇发展对国内农产品价格、全国及各地区农业生产、农业生产净值等的影响

1）1 gal = 3.785 43 L

农林业系统模型的特点是强调对主要农林业产品的细化分析，在研究范围设定上会更侧重农林业产品相关内容。例如，AGLINK-COSIMC 是一个大规模动态局部均衡模型，刻画了世界上 58 个从事主要温带农产品及稻米、食糖和棕榈油生产与贸易的国家及区域的经济和政策情况，用以研究全球农业市场。

将生物质能纳入已有的模型系统需要对原有模型的供需结构进行改造。例如，IMPACT 可以描述粮食的供应、需求和贸易，其需求部分由食品、饲料和其他用途构成，而新纳入的生物质能模块被作为其他用途来构建。又如，由田纳西大学开发的 POLYSYS 是主要研究美国农业部门供需状况的经济仿真模型，包含区域层面作物供应模块、国家层面畜产品模块、国家层面作物需求模块和国家层面收入模块四大模块，考虑了 12 种主要的作物和 7 种主要的畜产品。de la Torre Ugarte 等（2007）对该模型进行了更新，在需求侧加入了生物质能部分，并在原料端加入了剩余物和柳枝稷等能源作物。

农林业系统模型的优点是适合将生物质能供应链前端的原料均衡关系和要素均衡关系作为研究对象，评价生物质原料及关键投入要素对农产品价格的影响、对土地利用和水资源利用的影响等，所以较适合用于分析一代生物质能。其缺点是没有将生物质能作为能源技术，在能源供应和需求的整体框架下分析生物质能的发展及影响，缺乏专业的能源转化技术的分析模块。

5.1.2　能源系统模型

生物质能是低碳能源系统的重要组成部分，在减少碳排放和维护能源安全方面发挥着重要作用。绝大多数能源系统模型中都将现代生物质能作为重要的研究对象（表 5-2）。国际能源署发布的《世界能源展望》从 2006 年开始就在其基础研究工具 WEM 中对生物质能的利用和供应情况进行专门估算并逐年完善。与农林业系统模型不同，能源系统模型以主要能源产品为研究对象。例如，GMM 模型所研究的能源产品包括原煤、天然气、液化天然气、原油、柴油、汽油等。生物质能也被作为能源产品纳入其中（Gül et al.，2009）。

表 5-2　能源系统模型

模型	开发者	建模方法	应用
GMM 模型	瑞士保罗谢尔研究所	线性规划	Gül 等（2009）研究替代燃料应用于全球私人交通的情景分析
MARKAL-MATTER 模型	荷兰能源研究中心	线性规划	de Feber 和 Gielen（2000）研究模拟了生物质资源的最优能源利用形式，包括生物质发电、生物质供热、生物燃料和气体燃料
NEMS	美国能源部	模拟	Morrow 等（2010）研究了减少美国交通部门 GHG 排放和油耗的不同政策方案
TIMER	荷兰环境评估机构	系统动力学	IMAGE 模型中的能源系统分析模块
WEM	国际能源署	混合方法	已用于《世界能源展望》
MESSAGE	国际应用系统分析研究所	线性规划	柴麒敏等（2008）识别出我国发展生物燃料的贡献和所面临的挑战
C-ESM-BF	清华大学	线性规划	Zhao 等（2015）扩展了 C-ESM（China energy system model，中国能源系统模型）中的生物燃料模块，分析了中长期我国生物液体燃料发展潜力

能源系统模型研究的侧重点是能源产品之间的替代均衡关系，可以分析生物质能与其他能源产品之间的替代均衡关系。生物质能的原料成本占很大比例，尤其是一代原料，随粮食和农产品市场价格的变动有较大波动，所以，生物质能与

传统能源技术的刻画具有较大差异，需要对其资源潜力及成本进行详细描述。很多研究人员选择与农林业系统模型进行软链接（soft link）来加以改进。例如，美国能源部 NEMS 的生物质能系统模块的数据来自一个外部模型——农业资源跨区域模型系统（agricultural resources interregional modeling system，ARIMS）。ARIMS 由美国农业部在 20 世纪 80 年代开发，用于农业资源优化配置研究，主要负责生物燃料的原料成本分析（EIA，2010）。

5.1.3　综合评估模型

20 世纪 90 年代，随着人类对环境和气候变化问题的关注不断加强，在以往模型的基础上形成了能源-经济-环境（energy-economy-environment，3E）模型，模型不断完善和发展，逐渐囊括经济、社会、人口、自然、生物、能源、环境等多个方面，成为人类认识气候变化问题的有力工具。这类能源-环境-气候模型体系尝试兼容并包的跨学科研究理念，结合了农林业和能源模型的特点，同时尝试模型化不同子系统之间的传递和反馈关系（表 5-3）。例如，国际应用系统分析研究所开发的生态经济模型包括了其农业生态区域（agro-ecological zone，AEZ）模型，全球粮食系统模型（global food system model）和大气环流模型（general circulation model，GCM）等，构成了一个具有反馈系统的全球粮食-饲料-生物燃料系统（global food-feed-biofuel system）。综合评估模型建模较为复杂，而且需要大量的数据支持。

表 5-3　综合评估模型

模型	开发者	研究方法	应用
DART 模型	基尔世界经济研究所	一般均衡理论	Kretschmer 等（2008）扩展了 DART 模型，包含了第一代生物燃料的生产技术，分析了 10% 生物燃料目标对欧盟的影响；Kretschmer 等（2009）评估了实现欧盟生物燃料目标的经济效应
EPPA 模型	麻省理工学院	一般均衡理论	Reilly 和 Paltsev（2007）将生物质能和土地利用纳入模型
生态经济模型	国际应用系统分析研究所	混合方法	Fischer 等（2009）对所有主要生物燃料原料作物的农业生态潜力进行了评价，包括第一代和第二代生物燃料，并评估了生物燃料发展对燃料安全、减缓气候变化、粮食安全等方面的社会、环境和经济影响
WorldScan	荷兰经济政策分析局	一般均衡理论	Boeters 等（2008）分析了欧盟碳排放权交易体系下生物燃料的潜力
C-GEM	清华大学	一般均衡理论	Huang 等（2020）扩展了 C-GEM，纳入 BECCS 技术，分析了 BECCS 在我国深度脱碳中的主要作用

5.1.4　生物质能专项模型

目前，国内外生物质能系统分析模型构建思路有两个分支，一是将生物质能纳入已有的系统分析模型中，如农林业系统模型、能源系统模型和综合评估模型；二是提炼重要的供求关系，细致刻画不同生物质能技术，构建专项的生物质能模型。

很多区域层面的生物质能技术路线图或者标准的政策支持数据也基于一定的生物质能专项模型，如欧盟生物质能技术路线图（REFUEL）项目（Lensink and Londo，2010）和美国环保署（Environmental Protection Agency，EPA）的《可再生燃料标准》（Renewable Fuel Standard，RFS）。

1. BioTrans 模型

BioTrans 模型由荷兰能源研究中心开发，先用于欧盟委员会支持的 VIEWLS（Clear Views on Clean Fuels，对清洁燃料的明确看法）项目（2003～2005 年），用来为欧盟生物燃料市场分析提供必要的数据支持和量化分析工具（Wakker et al.，2010），后用于 REFUEL 项目（2006～2008 年）。REFUEL 项目由欧盟智能能源（Intelligent Energy-Europe）计划资助，由七个不同的欧盟研究机构就资源潜力、成本、政策效应等因素进行合作研究，旨在构建欧盟生物燃料技术路线图，以实现欧盟内部寻求生物燃料领域的合作及长期远景的制定。REFUEL 侧重于两方面的研究，一是原料潜力，二是全链条生物燃料成本，基于这两方面研究来寻找能够实现2020 年 10%生物燃料目标的成本最优的生物燃料技术组合（de Wit M et al.，2010）。

BioTrans 模型既可以研究一代生物燃料技术，也可以研究二代生物燃料技术。该模型共包含 18 种原料和 24 种转化技术，仅处理生物燃料技术之间的竞争并不考虑生物燃料与化石燃料的竞争。BioTrans 是一个短视（myopic）的成本优化模型（Lensink and Londo，2010），其原理为一个网络流模型，需要设定消费目标，然后寻找最优的技术组合。在 VIEWLS 项目中，模型使用外生的技术进步率，而在 REFUEL 项目中，增加了内生的学习曲线（Lensink and Londo，2010）。分析结果包括生物燃料贸易流、成本和环境影响等。

REFUEL 中该模型的分析结论认为，欧盟具有足够的土地和原料潜力来实现2020 年 10%生物燃料的目标，而且只要发展传统的一代生物燃料就可以。考虑到传统生物燃料的碳减排效应不明显，而且容易引起与粮食安全之间的冲突等问题，建议设置更为长远和更高的生物燃料目标，将目标提升至 2020 年 14%，2030 年为 25%，只有在这种情况下，二代生物燃料才有可能占据较为重要的位置（Lensink and Londo，2010）。

2. BDM

美国桑迪亚国家实验室和通用汽车公司联合开发了专项研究生物燃料的模型——BDM，开展了"900 亿 gal 生物燃料部署"研究，评估未来美国纤维素乙醇的资源潜力和实际供应潜力，以及 2030 年生产 900 亿 gal 生物燃料以替代 600 亿 gal 汽油的可能性。

其模型机理为基于生物燃料供应链的系统动力学模型，考虑不同生物燃料技术从种子到加油站（"seeds to station"）的物流、能流和成本结构（West et al.，2009）。

3. BSM

NREL 基于成体系系统（system of systems，SoS）的理念，采用系统动力学方法构建 BSM。该模型在 Stella 软件平台上构造了不同的生物燃料子系统，主要包括原料生产、原料物流、生物燃料生产、生物燃料分销和生物燃料终端利用五个部分（Bush et al.，2008）。

5.2　生物燃料中长期减排潜力①

2020 年我国能源消费总量 49.8 亿 tce，其中，石油表观消费 7 亿 t，天然气消费 3262 亿 m³（刘朝全和姜学峰，2021）。根据中国能源中长期发展战略研究项目组的预测，2030 年我国国内石油需求量将增加到 6 亿～7 亿 t，2050 年达到 7 亿～8 亿 t（中国能源中长期发展战略研究项目组，2011a）；而同时，国内原油产量在 2020 年甚至 2050 年前，将维持在 2 亿 t 左右的水平（童晓光等，2009）；石油供需缺口巨大，这为替代燃料尤其是生物燃料的发展提供了很好的机遇。

生物燃料是可以规模化替代石油基产品的可再生能源，可替代柴油、汽油与航空煤油。生物燃料的发展对减少交通部门碳排放、加强能源安全具有重要作用。国际能源署预测，到 2050 年，生物燃料能够满足全球 27% 的交通燃料需求（IEA，2011）。国际可再生能源机构 2014 年发布的一份报告预计，到 2030 年，全球生物燃料利用量将达到 6～16 EJ，为 2010 年的 3～8 倍（IRENA，2014）。IPCC 的相关评估报告给出了一个较为宽泛的范围，即到 2030 年，全球生物燃料年利用量将达到 8～25 EJ（IPCC，2012）。

全球范围内的生物燃料发展预测非常重要，而国家（地区）层面的发展分析也是非常必要的。有些研究对地区层面的生物燃料产量进行了分析和预测。Wetterlund 等（2012）对欧盟生物燃料发展情景进行了模拟；Larsen 等（2013）

① 本节内容节选自：Zhao L L，Chang S Y，Wang H L，et al. 2015. Long-term projections of liquid biofuels in China：uncertainties and potential benefits[J]. Energy，83：37-54.

预测了 2010 年到 2030 年丹麦生物燃料的发展潜力，并分析了其对土地利用和农业生产的影响；Martinsen 等（2010）对德国生物燃料发展进行了成本效益分析；Islas 等（2007）对墨西哥生物燃料的发展进行了评估；Forsell 等（2013）对法国和瑞典的生物质能发展潜力进行了评估。

对我国生物燃料的长期预测难度较大，存在很多不确定性，主要包括可用于生物燃料发展的边际土地资源的不确定性（Tian et al.，2009；Zhuang et al.，2011）、原料供应的不确定性（Zhang et al.，2009），以及生物燃料生产对粮食安全影响的不确定性等。

5.2.1　研究方法

考虑不同生物燃料和化石交通燃料之间存在着复杂的相互关联和反馈关系，本节建立了由 C-ESM-BF 与中国长期交通能源需求预测和 GHG 排放模型［China's long-term transportation energy demand and greenhouse gas（GHG）emissions model，CLTEEM］两个模型连接而成的生物燃料系统分析模型（图 5-2）。C-ESM 是清华大学能源环境经济研究所基于市场配置与能流优化集成模型系统（the integrated market allocation-energy flow optimization model system，TIMES）平台（Loulou et al.，2005）开发的以我国本土数据为基础的能源系统动态优化模型，通过自下而上的优化分析，描绘不同能源产品之间的替代竞争关系。C-ESM-BF 是包含了生物液体燃料子模块的模型，该模型可以详细刻画多种生物液体燃料技术路线。模型中建立的参考能源系统如图 5-3 所示。CLTEEM 是由清华大学能源环境经济研究所基于离散选择方法开发的模型，主要用于交通能源需求模拟。

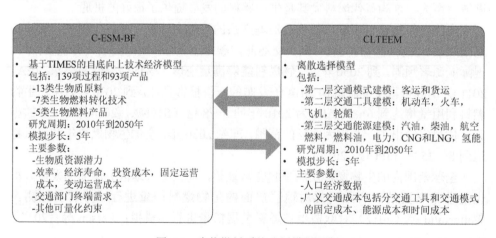

图 5-2　生物燃料系统分析模型平台

CNG 即 compressed natural gas，压缩天然气；LNG 即 liquefied natural gas，液化天然气

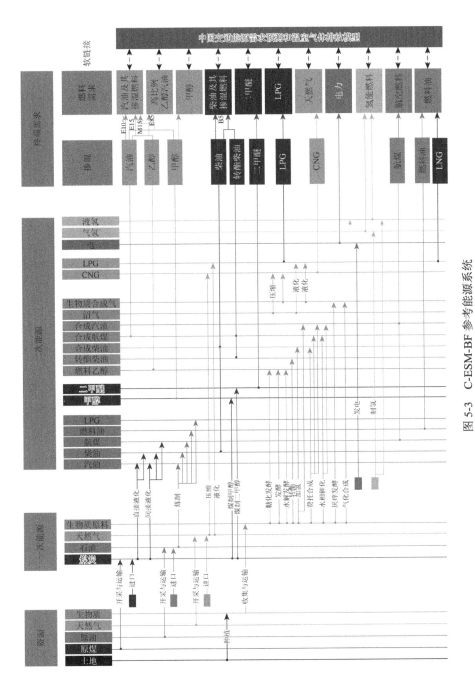

图 5-3　C-ESM-BF 参考能源系统

LPG 即 liquefied petroleum gas，液化石油气

5.2.2　情景设计

1. 影响生物燃料发展的关键因素

情景设计的主要目的是识别不同时期影响我国生物燃料发展的主要因素，本章考虑的影响因素主要包括以下四个方面。

1）可用于生物燃料发展的边际土地资源的不确定性

我国实际可利用边际土地资源量因缺乏可靠的数据支撑而存在较大的不确定性，根据能源作物的生物特性、对环境条件的要求及发展现状等因素，结合各区域的耕作制度和自然地理条件等，我国边际土地面积有 0.83 亿～2.03 亿 hm^2（常世彦等，2012）。在所有的边际土地中，未利用土地因不存在"与粮争地"的问题而可能成为种植能源作物优先选项。但是，考虑到未利用土地种植能源作物的技术可行性以及各种竞争性用途（如耕地占补平衡、城镇化等），实际可以用于种植能源作物的未利用土地资源量存在非常大的不确定性。

2）实际可利用农林业剩余物资源量的不确定性

农林业剩余物有广泛的竞争性用途。农业剩余物可以直接还田，用以维持土壤肥力、防止土壤侵蚀（谢光辉等，2011a，2011b）。除还田外，农业剩余物还有多种用途。根据霍丽丽等（2019）的调研，2015 年我国秸秆肥料化、饲料化、燃料化、原料化、基料化利用率分别为 43.2%、18.8%、11.4%、2.7%、4.0%，秸秆以肥料化、饲料化等农用为主。根据常世彦等（2012）的调研，我国林业剩余物25%用于还林，16%直接燃烧，32%加工为人造板、纸浆和饲料等进行综合利用，27%被用作其他用途。可能源化利用的农林业剩余物资源量具有很大不确定性。

3）原料成本的不确定性

对于能源作物资源，以能源生产为导向的优良新品种及配套栽培管理技术的研发和推广需要一个过程，非粮能源作物的规模化种植存在着高成本和高风险的问题。我国目前的非粮能源作物，以能源为育种目标研究的规模和深度都是不足的（谢光辉等，2011b）。例如，现在栽培的甜高粱品种主要属于饲用类，一般生物量较大，存在抗倒伏性和抗病虫性较差的问题（能源与交通创新中心，2010）；大部分木本油料树种都是为造林和绿化培育的，它们存活时间长，但产量较低。未来需要通过良种良法相结合来提高单位面积产量（胡润青等，2011）。

4）未来转化技术水平的不确定

以非粮糖料或淀粉能源农作物为原料的燃料乙醇和以油料能源树种为原料的生物柴油等，主要成本为原料成本，占总生产成本的 70%以上；而纤维素乙醇、F-T 合成生物柴油等，主要成本为投资成本和不含原料成本的运营及维护成本，其次才是原料成本（Xu et al.，2018）。先进生物燃料是否能够在成本上实现与化石燃料相竞争，主要取决于生物燃料本身技术创新、规模经济等驱动成本下降的主要因素，也取决于化石燃料价格的变化趋势。根据 IPCC（2012）的评估报告，到 2030 年，纤维素乙醇生产中酶生产工艺的改进将减少 40%的成本，其生产成本预期将从 18～22 美元/GJ 减少至 12～15 美元/GJ。

2. 情景设计

为识别不同时期影响我国生物燃料发展的关键因素，本节根据可获得资源量与成本的不同，设计了 12 类子情景，具体见表 5-4。

表 5-4　中国生物燃料发展情景设计

序号	情景名称	资源利用率			原料成本		转化技术成本	
		高	中	低	高	低	高	低
1	高资源利用率-高原料成本-高转化技术成本（HRHFHC）	√			√		√	
2	高资源利用率-高原料成本-低转化技术成本（HRHFLC）	√			√			√
3	高资源利用率-低原料成本-高转化技术成本（HRLFHC）	√				√	√	
4	高资源利用率-低原料成本-低转化技术成本（HRLFLC）	√				√		√
5	中资源利用率-高原料成本-高转化技术成本（MRHFHC）		√		√		√	
6	中资源利用率-高原料成本-低转化技术成本（MRHFLC）		√		√			√
7	中资源利用率-低原料成本-高转化技术成本（MRLFHC）		√			√	√	
8	中资源利用率-低原料成本-低转化技术成本（MRLFLC）		√			√		√
9	低资源利用率-高原料成本-高转化技术成本（LRHFHC）			√	√		√	
10	低资源利用率-高原料成本-低转化技术成本（LRHFLC）			√	√			√
11	低资源利用率-低原料成本-高转化技术成本（LRLFHC）			√		√	√	
12	低资源利用率-低原料成本-低转化技术成本（LRLFLC）			√		√		√

注：具体数据请参见 Zhao 等（2015）的研究

5.2.3　研究结果

1. 生物燃料中长期发展潜力

我国生物燃料利用量将在中长期取得较快发展，达到千万吨级以上的水平，其主要驱动力是交通能源需求的增长、石油价格的上升和生物燃料，尤其是 2 代燃料转化技术的进步与成本的降低。分阶段来看，中远期（2030～2050 年）生物燃料利用量将主要取决于可利用生物质原料资源量，4 个高资源利用率情景快速攀升，并在 2050 年超过 1.2 亿 toe 的水平；4 个中资源利用率情景逐步增长，在 2050 年达到 7300 万 toe 的水平；4 个低资源利用率情景也逐步于 2050 年达到 4500 万～4700 万 toe 的水平（图 5-4）。近期（2020～2030 年）发展路径不确定性较高，主要取决于生物燃料的成本变化趋势。2030 年生物燃料可能的发展水平在 1400 万～5200 万 toe。

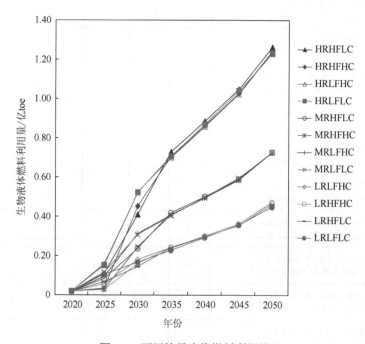

图 5-4　不同情景生物燃料利用量

2. CO_2 减排效益

根据生物燃料可能替代的石油消费量，可以估算出不同情景下生物燃料的碳减排潜力，2030 年为 0.4 亿～1.55 亿 t，2050 年为 1 亿～3.75 亿 t。其中，2050 年

CO_2 减排量在高资源利用率情景下，可达 3.75 亿 t，而低资源利用率情景下，约为 1 亿 t（图 5-5）。

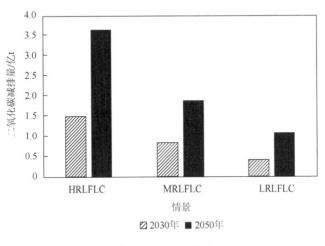

图 5-5　CO_2 减排量

在假设 1.5 代生物燃料可实现 10%生命周期 GHG 减排量，而 2 代生物燃料可实现 50%生命周期 GHG 减排量的情况下，不同情景全生命周期 GHG 减排量 2050 年可达 0.66 亿～2.40 亿 tCO_2-eq（图 5-6）。

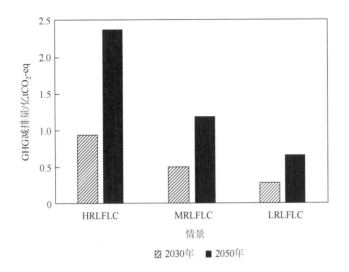

图 5-6　全生命周期 GHG 减排量

5.3　北方冬季供暖清洁低碳转型中生物质能的减排潜力[①]

冬季供暖排放是建筑部门 CO_2 排放的主要组成部分。2018 年，仅北方城镇供暖就排放了 5.5 亿吨 CO_2，约占建筑部门 CO_2 排放量的 26%（清华大学建筑节能研究中心，2020）。要实现建筑部门的深度脱碳，需要尽快实现冬季供暖 CO_2 的深度减排。同时，我国北方地区的空气污染相比南方呈现出明显的季节性特征，北方地区的重污染天数大部分出现在冬季（陈强等，2017；Zhao et al.，2016），而北方冬季的颗粒物浓度升高与采暖活动密切相关（Xiao et al.，2015；Fan et al.，2020）。如何更好地选择清洁低碳供暖技术，以协同实现建筑部门碳减排与污染物减排是一个值得探讨的问题。

5.3.1　研究方法

以北方冬季有大规模采暖需求的地区（包括北京、天津、河北、河南、山东、山西、黑龙江、吉林、辽宁、内蒙古、陕西、甘肃、青海、宁夏和新疆在内的 15 个省区市）为研究对象，基于中国区域能源系统模型（China regional energy system model，C-RESM）开展研究。该模型是清华大学能源环境经济研究所基于 TIMES 平台（Loulou et al.，2005）开发的以中国省级数据为基础的能源系统动态优化模型。本节对模型的供暖部分进行了扩展，详细刻画了各类供暖技术、资源约束以及供暖需求等，框架如图 5-7 所示。具体内容如下。

图 5-7　C-RESM 模型采暖子模块框架

---

① 本节内容引自：Ma S N，Guo S Y，Zheng D Q，et al. 2021. Roadmap towards clean and low carbon heating to 2035：a provincial analysis in northern China[J]. Energy，225：120164. 中文出版仅节选部分内容。

（1）详细刻画了供暖技术。根据我国供暖系统特点，将供暖技术分为集中和分散两类。其中，集中供暖技术主要应用在城镇大规模管网和区域供热，热源主要由热电联产和区域的供热锅炉提供，包括区域燃煤热电联产、区域燃气热电联产、区域燃煤锅炉、区域燃气锅炉、区域生物质锅炉、蓄热电锅炉、工业余热和地源热泵共 8 种技术；分散供暖技术目前主要应用在集中供热覆盖不到的城镇远郊或农村地区，包括户式燃气壁挂炉、户用燃煤暖炉、空气源热泵、电直热采暖、传统生物质柴灶和新型高效生物质采暖炉共 6 种技术。在技术参数的定义上，考虑了技术的时空异质性，以 2015～2030 年每 5 年一个时间节点，对各类供暖技术使用寿命、投资成本、运行维护成本、CO_2 排放因子和常规污染物排放因子等参数进行定义。

（2）校核调整了各省区市的终端供热需求。建筑的供热需求由单位面积需热量和建筑面积总量决定。目前城镇地区主要考虑了居民住宅建筑和公共建筑的取暖需求，而农村地区主要考虑了居民住宅的取暖需求。在单位面积需热量的刻画中，分别对住宅建筑和公共建筑、城镇和农村及不同省区市进行了设置；在建筑取暖面积的刻画中，未来短期的取暖面积考虑了各省区市的供热专项规划中规划的取暖面积，长期的取暖面积在考虑各省区市经济、人口、城镇化的基础上进行了趋势外推预测。

（3）设置了采暖技术的资源约束。一些关键供暖技术的发展上限都与各省区市的资源禀赋密切相关，模型参考了各省区市各类能源的中长期发展规划及相关文献预测结果，针对各省区市供暖部门可以利用的天然气、地热能、生物质能等设置了相应的资源约束。

5.3.2　情景设计

本节设计了三种情景，如下所示。

（1）基准情景（base scenario，BS）：该情景为北方供暖的基线情景，假设北方城市和农村地区的供暖技术占比保持在 2015 年以来的水平。

（2）清洁政策情景（clean policy scenario，PS）：该情景假设以实现《北方地区冬季清洁取暖规划》（2017—2021 年）确定的 2021 年清洁取暖占比目标为导向，并延续该目标发展趋势，即 2021 年清洁取暖占比将达到 70%，2035 年将超过目标的 95%。

（3）清洁低碳情景（clean and low carbon scenario，CS）：该情景假设在实现清洁政策情景所设定清洁供暖占比目标的同时，还能够在 2035 年相比 2015 年将碳排放量减少 50%，以实现将全球变暖限制在温升 2℃ 内的目标。

5.3.3 研究结果

1. 北方农村冬季供暖中的生物质能应用潜力

在北方地区，集中供暖仍将是城市主要的热源形式，而在农村，分散供暖仍将占据主导地位。新型高效生物质采暖炉、空气源热泵和工业余热供暖这三种采暖技术相较其他采暖技术具有更好的协同减排效果。清洁政策情景下北方农村地区的户用燃煤暖炉将逐步被户式燃气壁挂炉和空气源热泵所替代，而在清洁低碳情景下，高效生物质采暖炉与空气源热泵将可能是未来主要的供暖形式（图5-8）。

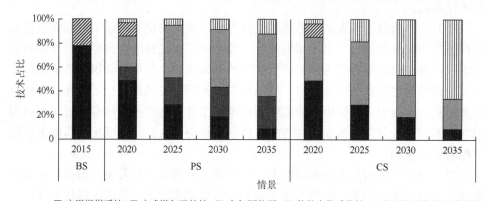

■ 户用燃煤暖炉　■ 户式燃气壁挂炉　■ 空气源热泵　▨ 传统生物质柴灶　▥ 新型高效生物质采暖炉

图5-8　不同情景下北方农村供暖技术占比（2015～2035 年）

从具体区域分布来说，考虑到各省区市的资源禀赋、采暖需求和现有的采暖基础设施等因素，高效生物质采暖炉可广泛应用于生物质资源丰富的农村地区。到2035 年，天津、河北、内蒙古、吉林、山东、河南、甘肃七个省区市的高效生物质采暖炉份额将超过 70%（图5-9）。

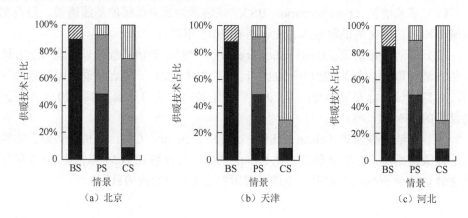

（a）北京　　　　　　（b）天津　　　　　　（c）河北

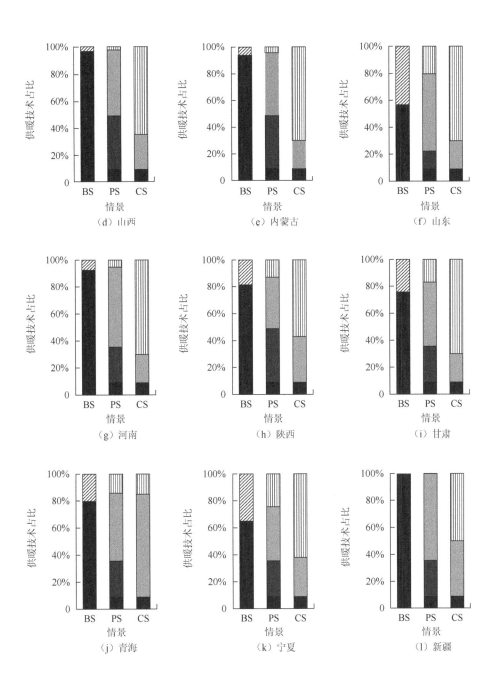

（d）山西

（e）内蒙古

（f）山东

（g）河南

（h）陕西

（i）甘肃

（j）青海

（k）宁夏

（l）新疆

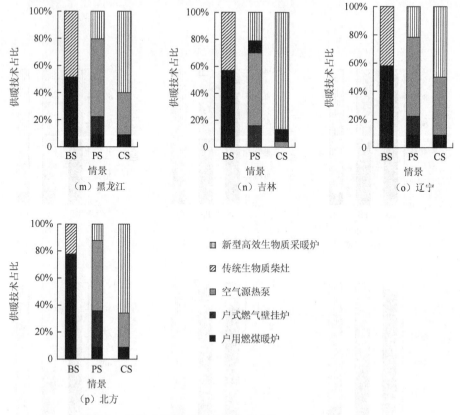

图 5-9　2035 年农村地区供暖技术占比（2015～2035 年）

2. 碳减排与污染物减排效益

北方农村地区供暖中长期将在很大程度上依靠生物质能。清洁政策情景下天然气和电力消耗将显著增加，而清洁低碳情景下电力和生物质消耗将显著增加。到2035 年，清洁政策情景下农林业剩余物消耗量约为 1100 万 t，而在清洁低碳情景下约为 6000 万 t。根据生物质所替代的燃煤量，可以估算出不同情景下采用高效生物质采暖炉的碳减排潜力。煤炭的排放因子采用生态环境部 2021 年发布的《省级二氧化碳排放达峰行动方案编制指南》中的数据，即 2.66 tCO_2/t 标准煤。据此估算，2035 年不同情景下我国北方高效生物质采暖炉的碳减排潜力为 1462～7883 万 t。

5.4　BECCS 在中国深度脱碳中的作用[①]

BECCS 对区域深度脱碳的价值可以体现为两个方面：一是可以减少 CO_2 排

① 本节内容主要引自：Huang X D，Chang S Y，Zheng D Q，et al. 2020. The role of BECCS in deep decarbonization of China's economy：a computable general equilibrium analysis. Energy Economics，92：104968. 出版时有所改动。

放以达到特定的减排目标，二是可以降低系统整体的减排成本（Kraxner et al.，2015；Peters and Geden，2017；Klein et al.，2014）。已有研究评估了 BECCS 在全球层面降低减排成本的价值（Köberle，2019；Klein et al.，2014），但缺乏对我国的具体分析。本节探讨了 BECCS 在我国深度脱碳中的作用，并试图回答以下两个问题：①到 2050 年，BECCS 在我国实现深度脱碳的潜力有多大；②引入 BECCS 可以在多大程度上降低整体减排成本。

5.4.1　研究方法

本节采用 C-GEM 来评估 BECCS 的减排潜力以及经济影响。C-GEM 是一个全球递归动态可计算一般均衡（computable general equilibrium，CGE）模型，可以刻画经济活动、相关能源流动和 CO_2 排放之间的关系（Qi et al.，2014，2016）。已有多项关于我国能源和气候政策的评估研究基于该模型开展（Qi et al.，2014；Zhang et al.，2015；Qi and Weng，2016）。

C-GEM 详细描述了我国和世界其他 16 个地理区域的产业和能源消费情况。每个区域由 2 个消费部门和 19 个生产行业组成，生产行业大类包括农业、能源、能源消费密集型工业、其他工业、建筑和服务，如表 5-5 所示。C-GEM 可以刻画经济系统和能源系统之间的相互关系，便于以 BECCS 技术作为切入视角，分析其对整个经济的影响（Welfle et al.，2020）。同时，C-GEM 对碳定价机制进行了详细描述（Qi and Weng，2016；Weng et al.，2018），可以反映碳减排的边际成本。

表 5-5　C-GEM 中 21 类部门

大类	部门	说明
农业	农业	粮食和非粮食作物、管理林地和伐木活动、畜牧业和动物产品
能源	煤 油 气 电	煤炭开采 原油开采 天然气开采 发电、输电和配电
能量消费密集型工业	石油 非金属产品 钢铁 有色金属产品 化工、橡胶和塑料制品	精制油及石化产品 水泥、石膏、石灰、砾石和混凝土 钢铁制造和铸造 生产铜、铝、锌、铅等 化工、橡胶、塑料制品
其他工业	食品和烟草 采矿 电力设备 运输设备 纺织品制造业 其他行业	食品及烟草制造 金属矿石、铀、宝石的开采和采石 电力设备制造 运输设备制造 纺织、皮革、毛皮及其他制造 其他未分类行业

续表

大类	部门	说明
建筑	建筑业	房屋、工厂、办公室和道路的建造
服务	交通运输服务 其他服务	管道运输、水陆空运输 其他服务，如商业和公共服务
消费	政府 居民	政府消费 家庭消费

资料来源：翁玉艳（2018）

BECCS 技术有多种类型，如生物质发电结合碳捕集与封存技术、生物液体燃料结合碳捕集与封存技术、生物质制氢结合碳捕集与封存技术等。考虑我国能源供需情况，生物质发电结合碳捕集与封存技术将可能在我国得到规模化推广（常世彦等，2019）。本节以生物质发电结合碳捕集与封存技术为代表分析 BECCS 在我国的可能发展潜力。预计 2015 年、2030 年和 2050 年 BECCS 的成本分别为 950 元/tCO$_2$、752 元/tCO$_2$ 和 608 元/tCO$_2$。

5.4.2 情景设计

本节设计了五种情景来分析 BECCS 的可能贡献，具体内容如下。

（1）当前政策情景（current policy scenario，CPS）：该情景假设 2020 年至 2050 年单位 GDP 碳强度年均减少 4%，以实现与 2005 年相比，到 2020 年将碳强度降低 40%~45%，到 2030 年降低 60%~65% 的国家自主贡献承诺。

（2）2C-BECCS（实现全球温升控制 2℃ 且规模化利用 BECCS 情景）：假设我国年均碳强度下降率将从 2020 年的 5.5% 提高到 2050 年的 12%。CO$_2$ 排放轨迹与 McCollum 等（2018）描述的将全球温升控制在 2℃ 以下情景相似。该情景引入了碳价，还考虑了比 CPS 更积极的减排政策，以进一步加速我国的脱碳进程，如严格的节能措施、积极鼓励可再生能源和天然气的优惠政策，以及在发电和钢铁行业部署碳捕集与封存。

（3）2C-NoBECCS（实现全球温升控制 2℃ 但不开展 BECCS 规模化利用情景）。与 2C-BECCS 情景的假设基本相同，只是并不考虑 BECCS 技术的规模化利用。

（4）1.5C-BECCS（实现全球温升控制 1.5℃ 且规模化利用 BECCS 情景）。假设我国每年 CO$_2$ 强度下降率将从 2020 年的 7.5% 提高到 2050 年的 14.5%。在此期间，年均 CO$_2$ 强度下降率约为 11%。CO$_2$ 排放轨迹与 Luderer 等（2018）描述的将全球温升控制在 1.5℃ 以下情景相似。该情景引入了碳价，还考虑了比 2C-BECCS 更积极的政策，以进一步加速我国的深度脱碳，如更严格的节能措施、更有利的可再生能源和天然气激励政策、在发电和钢铁行业部署碳捕集与封存，加快工业电气化。

（5）1.5C-NoBECCS（实现全球温升控制 1.5℃但不开展 BECCS 规模化利用情景）。与 1.5C-BECCS 的假设基本相同，只是并不考虑 BECCS 技术的规模化利用。

本节通过情景间的比较来分析 BECCS 在不同碳减排目标下的贡献以及对经济的潜在影响，具体情景假设参数如表 5-6 所示。

表 5-6　情景假设

情景	能源相关年平均 CO_2 强度下降率				是否考虑 BECCS	是否考虑碳价格
	2020～2030 年	2030～2040 年	2040～2050 年	2020～2050 年		
CPS	−4.0%	−4.0%	−4.0%	−4.0%	是	
2C-BECCS	−5.5%	−7.0%	−12.0%	−8.2%	是	
1.5C-BECCS	−7.5%	−10.0%	−14.5%	−10.7%	是	是
2C-NoBECCS	与 2C-BECCS 相同的 CO_2 净排放约束 [1]				否	
1.5C-NoBECCS	与 1.5C-BECCS 相同的 CO_2 净排放约束 [1]				否	

1）CO_2 净排放量 = 化石燃料的 CO_2 排放量−BECCS 去除的 CO_2 量

5.4.3　研究结果

1. 对与能源相关的 CO_2 排放的影响

图 5-10 显示了五种情景的 CO_2 净排放量。在 CPS 下，与能源相关的 CO_2 净

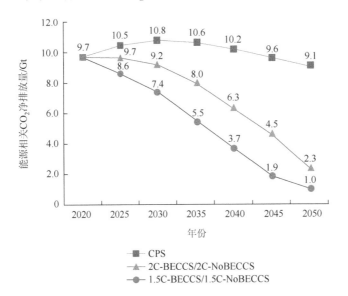

图 5-10　与能源相关的 CO_2 净排放量

排放量将在 2030 年达到峰值，约 10.8 Gt，并在 2050 年降至 9.1 Gt。在 2℃和
1.5℃的情景中，CO_2 净排放量将大幅减少。在 2C-BECCS 情景下，CO_2 净排放量
在 2020 年至 2025 年内稳定在 9.7 Gt 左右，并从 2035 年的 8.0 Gt 急剧下降到
2050 年的 2.3 Gt。对于 1.5C-BECCS，CO_2 净排放量将从 2025 年的 8.6 Gt 持续下
降到 2050 年的 1.0 Gt 左右。2C-NoBECCS 的 CO_2 净排放量与 2C-BECCS 相同，
1.5C-NoBECCS 和 1.5C BECCS 的 CO_2 净排放量相同。

在 CPS 下，BECCS 技术由于减排成本较高，在 2020 年至 2050 年整个时期
内并未进入市场，但在更严格的碳约束下将发挥重要作用，如图 5-11 所示。在
2C-BECCS 情景下，2045 年后 BECCS 技术将作为高性价比技术进入市场。BECCS
在 2045 年可移除 0.27 $GtCO_2$，在 2050 年可移除 0.59 $GtCO_2$。与 2C-NoBECCS
相比，一些行业或部门将可以获得更多的排放空间，如发电、家庭、化工、橡
胶和塑料以及服务业在 2050 年将可比 2C-NoBECCS 情景下多排放 190 $MtCO_2$、
140 $MtCO_2$、64 $MtCO_2$ 和 40 $MtCO_2$。

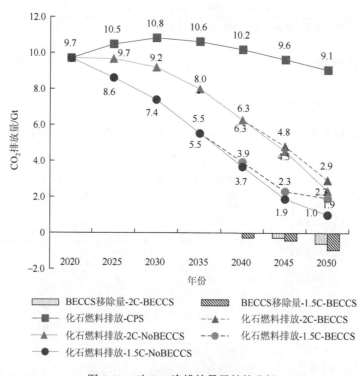

图 5-11　对 CO_2 净排放量贡献的分解

在 1.5C-BECCS 情景下，BECCS 移除的 CO_2 将在 2040 年达到 0.27 Gt，2045 年
达到 0.42 Gt，2050 年达到 0.93 $GtCO_2$。由于碳价较高，在 1.5C-BECCS 情景下，

采用独立碳捕集与封存技术的燃煤发电更加成熟，成本效益更高，因此到 2050 年，无碳捕集与封存技术的燃煤发电几乎将不复存在。与 1.5C-NoBECCS 相比，2050 年排放量增加的前五个部门是家庭（260 MtCO$_2$，主要是家庭交通），化工、橡胶和塑料制品（149 MtCO$_2$），发电（92 MtCO$_2$），公共交通（69 MtCO$_2$）和非金属矿物产品（61 MtCO$_2$），其中 BECCS 技术去除的 CO$_2$ 占 73%。在 1.5C-BECCS 和 1.5C-NoBECCS 情景下，913 MtCO$_2$ 将通过碳捕集与封存技术储存在燃煤发电中。考虑到未来资源节约和循环利用，在 1.5C-BECCS 和 1.5C-NoBECCS 情景下，钢铁需求较 2C-BECCS 和 2C-NoBECCS 情景下略有下降。2050 年 CO$_2$ 总排放量将下降，碳捕集与封存将从钢铁行业捕获 539 MtCO$_2$。

2. 对能源消耗的影响

在 CPS 下，一次能源消耗总量（total primary energy consumption, TPEC）将从 2020 年的 4.9 Gtce 快速增长到 2035 年的 6.3 Gtce，如图 5-12 所示，此后再缓慢增长至 2050 年的 6.4 Gtce。煤炭占一次能源的比重从 2018 年的 61%下降到 2035 年的 46%，到 2050 年下降到 35%。非化石燃料在 TPEC 中的比例从 2018 年的 14%增加到 2035 年的 26%和 2050 年的 36%。天然气消耗占比从 2018 年的 7%上升到 2050 年的 14%，石油消耗占比从 2018 年的 18%下降到 2050 年的 14%。

与 CPS 相比，2C-BECCS 中的 TPEC 将在 2035 年前达到峰值，2025 年比 CPS 低 4%，2035 年为 8%，2050 年为 20%（图 5-12）。能源消耗大幅下降，反映了经济结构调整、能源效率提升和可再生能源快速部署的加快推进。非化石能源占比从 2018 年的 14%迅速上升到 2035 年的 36%和 2050 年的 63%。相应地，煤炭的比重在 2035 年迅速下降到 34%，到 2050 年下降到 16%。BECCS 在 2045 年左右开始具有成本效益。结合碳捕集与封存技术的生物质能在 2045 年占 TPEC 的 1.8%，到 2050 年增加到 4%。与 2C-BECCS 相比，2C-NoBECCS 的化石能源

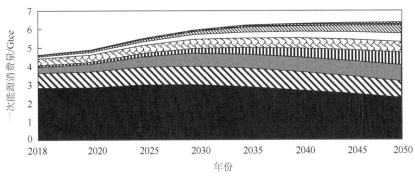

（a）CPS

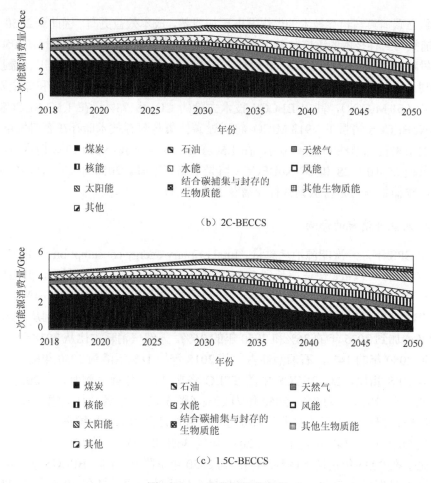

图 5-12   一次能源消费总量

消耗占比将在 2045 年和 2050 年分别下降 1.6 个百分点和 4.9 个百分点,2050 年,非化石能源占比较 2C-BECCS 升高 4 个百分点。

在 1.5C-BECCS 下,TPEC 将在 2035 年达到峰值,但低于 2C-BECCS。与 CPS 相比,1.5C-BECCS 中的 TPEC 将在 2025 年下降 7%,2035 年下降 14%,2050 年下降 22%。非化石能源占比从 2018 年的 14%上升至 2050 年的 71%左右。到 2035 年,煤炭在一次能源中的比例急剧下降到 23%,到 2050 年只剩下 14%。BECCS 将在 2040 年具有成本效益,并将在 1.5C-BECCS 下发挥更关键的作用。2040 年结合碳捕集与封存的生物质能占 TPEC 的 1.8%,2050 年这一比例将增至 6.6%。与 1.5C-BECCS 相比,在 1.5C-NoBECCS 条件下,TPEC 将在 2040 年和 2050 年分别下降 1.7%和 10.6%。2040 年,TPEC 中非化石能源的比例在 1.5C-

NoBECCS 条件下比 1.5C-BECCS 下高 1 个百分点，这一差距将在 2050 年扩大到 11 个百分点。

3. 对碳价的影响

可以采用不同指标来反映 BECCS 对减排成本的影响，如 GDP 损失、碳价、边际减排成本曲线等（Kraxner et al.，2015；Riahi et al.，2015；Aldy et al.，2016；Klein et al.，2014）。本节根据碳价和 GDP 损失来量化减排成本。碳价代表的是边际 CO_2 减排成本（Nordhaus，2017），本节中的碳价反映的是在满足设定的 CO_2 强度约束下成本最低的 CO_2 减排策略（Li et al.，2018）。CPS 下碳价格从 2020 年的 7 美元/tCO_2（CO_2 价格以 2011 年美元计算）稳步上升到 2035 年的 19 美元/tCO_2 和 2050 年的 39 美元/tCO_2（如图 5-13 所示）。随着碳约束的加强，2C-NoBECCS 情景下的碳价迅速上涨全 2035 年的 29 美元/tCO_2 和 2050 年的 315 美元/tCO_2。但是，随着 BECCS 的引入，碳价会大幅降低。与 2C-NoBECCS 相比，2C-BECCS 下的碳价在 2045 年下降 7 美元/tCO_2，到 2050 年下降 97 美元/tCO_2。

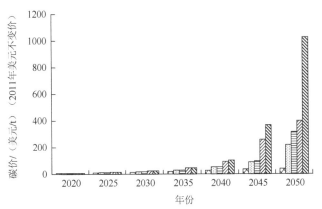

图 5-13　碳价

在 1.5C-NoBECCS 条件下，碳价从 2035 年的 45 美元/tCO_2 大幅上涨到 2050 年的 1028 美元/tCO_2，实现更大幅度的减排变得越来越昂贵。随着 BECCS 的应用，在 1.5C-BECCS 条件下，2050 年碳价大幅下降至 400 美元/tCO_2，比 1.5C-NoBECCS 条件下降低约 61%。这说明碳约束越严格，BECCS 在降低边际减排成本方面的作用越显著。与已有碳价研究进行比较（表 5-7），可以发现在不考虑 BECCS 的情景下碳价水平要远高于其他研究，这也体现出规模化部署 BECCS 的重要性。

表 5-7　其他研究模拟的碳价格

文献	碳价		
	2030 年	2035 年	2050 年
Cao 等（2016）	60%目标情景： 26 元/tCO$_2$ 65%目标情景： 157 元/tCO$_2$	未提供	未提供
Zhang 等（2016）	持续努力情景： 26 美元/tCO$_2$ 加速努力情景： 38 美元/tCO$_2$	持续努力情景： 33 美元/tCO$_2$ 加速努力情景： 49 美元/tCO$_2$	持续努力情景： 58 美元/tCO$_2$ 加速努力情景： 115 美元/tCO$_2$
Li 和 Jia（2016）	48.14 元/tCO$_2$	未提供	未提供
Li 等（2018）	3%政策情景： 26 美元/tCO$_2$ 4%政策情景： 72 美元/tCO$_2$ 5%政策情景： 132 美元/tCO$_2$	未提供	未提供
Weng 等（2018）	碳排放权交易市场底价： 12 美元/tCO$_2$ （9.4 美元/tCO$_2$～14.2 美元/tCO$_2$）	碳排放权交易市场底价： 18 美元/tCO$_2$（14.2 美元/ tCO$_2$～22.5 美元/tCO$_2$）	未提供
张希良等（2022）	碳中和情景： 104 元/tCO$_2$	碳中和情景： 178 元/tCO$_2$	碳中和情景： 751 元/tCO$_2$
Chang 等（2020b）	达峰情景： 14 美元/tCO$_2$ 提前达峰情景： 32 美元/tCO$_2$	达峰情景： 27 美元/tCO$_2$ 提前达峰情景： 59 美元/tCO$_2$	未提供

4. 对 GDP 的影响

预计 CPS 下 GDP 增长率将从 2021 年的 5.8%降至 2050 年的 2.9%。在严格的 CO$_2$ 排放约束下，2C-NoBECCS 的 GDP 增长率将比 CPS 略有下降。在 2C-NoBECCS 条件下，2050 年这一比例将下降到 2.7%，比 CPS 低 0.2 个百分点。与 CPS 相比，2C-NoBECCS GDP 损失率从 2025 年的 0.08%逐年增加到 2035 年的 0.14%、2050 年的 1.40%（如图 5-14 所示）。引入 BECCS 后，在 2C-BECCS 条件下，2045 年 GDP 损失率下降 0.04 个百分点，2050 年 GDP 损失率下降 0.6 个百分点。BECCS 的部署可以给一些减排成本较高的行业提供一定的排放空间，使这些行业的产值有所增加，从而相应增加 GDP。与 2C-NoBECCS 相比，2C-BECCS 产值的增加主要来自服务业，化工、橡胶和塑料制品行业，其他行业和建筑业，占 2050 年总增加值的 78%。

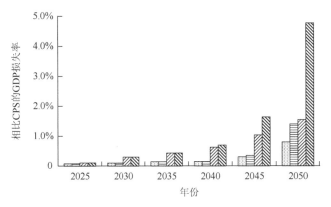

图 5-14　与 CPS 相比的 GDP 损失率

在 1.5C-NoBECCS 条件下，2040 年 GDP 增速降至 3.2%，2045 年降至 2.8%，2050 年降至 2.2%。与 CPS 相比，2045 年 GDP 损失率约为 1.63%，2050 年 GDP 损失率约为 4.77%。这意味着我国经济在实现全球 1.5℃目标的过程中将遭受很大损失。随着 BECCS 的大规模部署，在 1.5C-BECCS 条件下，2045 年 GDP 损失率可大大降低到 1.04%，2050 年降低至 1.54%。BECCS 的引入使能源消费行业有更多的时间进行低碳转型。到 2050 年，农业、工业、服务业增加值分别增加 380 亿美元、1420 亿美元和 11 120 亿美元。从产值看，服务业，化工、橡胶和塑料制品行业，其他行业和建筑业是产值增长前四位的行业，占 2050 年总产值增长的 77%。

5.4.4　小结

BECCS 将在我国实现低碳转型中发挥重要作用。2050 年，将可移除 0.59 GtCO$_2$（2C-BECCS 下）到 0.93 GtCO$_2$（1.5C-BECCS 下）。BECCS 的引入将使 2050 年碳价格下降 31%（2C-BECCS 下），甚至 61%（1.5C-BECCS 下），GDP 损失率将下降 0.6 个百分点（2C-BECCS 下）到 3.23 个百分点（1.5C-BECCS 下）。

然而，因其尚不成熟、缺乏实证研究，BECCS 的大规模部署仍然存在很大的不确定性。BECCS 的大规模部署对土地、淡水和养分有很大的需求，会引发有关粮食安全、土地利用变化和水资源短缺等相关问题（Smith et al.，2016；Minx et al.，2018）。需要对其进行更详细的环境和社会影响评估分析。

参 考 文 献

柴麒敏，常世彦，张希良. 2008. 基于 ALTRANS 模型的我国生物燃料发展潜力研究[J]. 管理学报，5（5）：642-646，658.

常世彦，赵丽丽，张婷，等. 2012. 生物液体燃料[C]//中国车用能源研究中心. 中国车用能源展望 2012. 北京：科学出版社：178-219.

常世彦，郑丁乾，付萌. 2019. 2℃/1.5℃温控目标下生物质能结合碳捕集与封存技术（BECCS）[J]. 全球能源互联网，（3）：277-287.

陈强，孙丰凯，徐艳娴. 2017. 冬季供暖导致雾霾？来自华北城市面板的证据[J]. 南开经济研究，（4）：25-40.

胡润青，秦世平，樊京春. 2011. 中国生物质能技术路线图研究[M]. 北京：中国环境科学出版社.

黄季焜，仇焕广，Keyzer M，等. 2009. 发展生物燃料乙醇对我国区域农业发展的影响分析[J]. 经济学（季刊），（1）：727-742.

霍丽丽，赵立欣，孟海波，等. 2019. 中国农作物秸秆综合利用潜力研究[J]. 农业工程学报，35（13）：218-224.

刘朝全，姜学峰. 2021. 2020 年国内外油气行业发展报告[M]. 北京：石油工业出版社.

能源与交通创新中心. 2010. 能源与交通创新中心. 中国纤维生物质四种能源转化技术研究报告-生物质发电与生物质液体燃料[EB/OL]. http://www.icet.org.cn/reports.asp?fid=20&mid=21 [2022-06-25].

清华大学建筑节能研究中心. 2020. 中国建筑节能年度发展研究报告 2020：农村住宅专题[M]. 北京：中国建筑工业出版社.

石祖梁，李想，王久臣，等. 2018. 中国秸秆资源空间分布特征及利用模式[J]. 中国人口·资源与环境，28（S1）：202-205.

童晓光，赵林，汪如朗. 2009. 对中国石油对外依存度问题的思考[J]. 经济与管理研究，30（1）：60-65.

翁玉艳. 2018. 碳市场在全球碳减排中的作用研究[D]. 北京：清华大学.

谢光辉，韩东倩，王晓玉，等. 2011a. 中国禾谷类大田作物收获指数和秸秆系数[J]. 中国农业大学学报，16（1）：1-8.

谢光辉，庄会永，危文亮，等. 2011b. 非粮能源植物：生产原理和边际地栽培[M]. 北京：中国农业大学出版社.

张希良，黄晓丹，张达，等. 2022. 碳中和目标下的能源经济转型路径与政策研究[J]. 管理世界，（1）：35-66.

张希良，吕文，等. 2008. 中国森林能源[M]. 北京：中国农业出版社.

中国能源中长期发展战略研究项目组. 2011a. 中国能源中长期（2030、2050）发展战略研究：电力、油气、核能、环境卷[M]. 北京：科学出版社.

中国能源中长期发展战略研究项目组. 2011b. 中国能源中长期（2030、2050）发展战略研究：综合卷[M]. 北京：科学出版社.

中国石油经济技术研究院. 2021. 2020 年国内外油气行业发展报告[EB/OL]. http://www.cpnn.com.cn/news/yaowen/202104/t20210420_1372933_wap.html.[2022-06-25].

Aldy J，Pizer W，Tavoni M，et al. 2016. Economic tools to promote transparency and comparability in the Paris Agreement[J]. Nature Climate Change，6（11）：1000-1004.

Banuri T，Barker T，Bashmakov I，et al. 2001. Climate change 2001：mitigation-Technical summary

[EB/OL]. https://unfccc.int/resource/cd_roms/na1/mitigation/Resource_materials/IPCC_WG3_TAR_Mitigation_2001/Technical_Summary.pdf[2023-07-25].

Boeters S，Veenendaal P，van Leeuwen N，et al. 2008. The potential for biofuels alongside the EU-ETS[EB/OL]. https://www.gtap.agecon.purdue.edu/resources/download/3871.pdf[2022-06-25].

Bush B，Duffy M，Sandor D，et al. 2008. Using system dynamics to model the transition to biofuels in the united states[EB/OL]. https://ieeexplore.ieee.org/document/4724136[2022-06-25].

Cao J，Ho M，Timilsina G R. 2016. Impacts of carbon pricing in reducing the carbon intensity of China's GDP[EB/OL]. http://documents.worldbank.org/curated/en/784211467205076302/pdf/WPS7735.pdf[2022-06-25].

Chang S Y，Yang X，Zheng H T，et al. 2020b. Air quality and health cobenefits of China's national emission trading system[J]. Applied Energy，261：114226.

Chang S Y，Zheng D Q，Ma S N，et al. 2020a. The role of bioenergy towards the 2℃/1.5℃ temperature control target[R]. Working Paper.

de Feber M，Gielen Dolf. Biomass for greenhouse gas emission reduction[EB/OL]. https://www.osti.gov/etdeweb/biblio/20032648[2022-06-25].

de la Torre Ugarte D G，English B C，Jensen K，et al. 2007. Sixty billion gallons by 2030：economic and agricultural impacts of ethanol and biodiesel expansion[EB/OL]. https://onlinelibrary.wiley.com/doi/epdf/10.1111/j.1467-8276.2007.01099.x[2022-06-25].

de Wit M，Junginger M，Lensink S，et al. 2010. Competition between biofuels：modeling technological learning and cost reductions over time[J]. Biomass and Bioenergy，34（2）：203-217.

EIA. 2010. Model documentation renewable fuels module of the National Energy Modeling System[EB/OL]. https://www.osti.gov/servlets/purl/10109684[2022-06-25].

Fan M Y，He G J，Zhou M G. 2020. The winter choke：coal-fired heating，air pollution，and mortality in China[J]. Journal of Health Economics，71：102316.

Fischer G，Hizsnyik E，Prieler S，et al. 2009. Biofuels and food security：implications of an accelerated biofuels production[EB/OL]. https://pure.iiasa.ac.at/id/eprint/8984/1/XO-09-062.pdf [2022-06-25].

Forsell N，Guerassimoff G，Athanassiadis D，et al. 2013. Sub-national TIMES model for analyzing future regional use of biomass and biofuels in Sweden and France[J]. Renewable Energy，60：415-426.

Gül T，Kypreos S，Turton H，et al. 2009. An energy-economic scenario analysis of alternative fuels for personal transport using the Global Multi-regional MARKAL model（GMM）[J]. Energy，34（10）：1423-1437.

Huang X D，Chang S Y，Zheng D Q，et al. 2020. The role of BECCS in deep decarbonization of China's economy：a computable general equilibrium analysis[J]. Energy Economics，92：104968.

IEA. 2011. Technology roadmap：biofuels for transport[R]. Paris：OECD/IEA.

IEA. 2019. World Energy outlook 2019[R]. Paris：International Energy Agency.

IEA. 2020. Data and statistics[EB/OL]. https://www.iea.org/data-and-statistics?country=WORLD&fuel=CO2%20emissions&indicator=Total%20CO2%20emissions[2022-06-25].

IEA，UNIDO. 2011. Carbon capture and storage[EB/OL]. https://www.iea.org/reports/roadmap-carbon-capture-and-storage-in-industrial-applications[2022-06-25].

IPCC. 2005. Carbon dioxide capture and storage[EB/OL]. https://www.ipcc.ch/report/carbon-dioxide-capture-and-storage/[2022-06-25].

IPCC. 2012. Renewable energy sources and climate change mitigation[EB/OL]. https://www.ipcc.ch/report/renewable-energy-sources-and-climate-change-mitigation/[2022-06-25].

IRENA. 2014. A renewable energy roadmap（REmap 2030）[EB/OL]. https://www.irena.org/-/media/Files/IRENA/REmap/Methodology/IRENA_REmap_cost_methodology_2014.pdf[2022-06-25].

Islas J，Manzini F，Masera O. 2007. A prospective study of bioenergy use in Mexico[J]. Energy，32（12）：2306-2320.

Klein D，Luderer G，Kriegler E，et al. 2014. The value of bioenergy in low stabilization scenarios：an assessment using REMIND-MAgPIE[J]. Climatic Change，123（3）：705-718.

Köberle A C. 2019. The value of BECCS in IAMs：a review[J]. Current Sustainable/Renewable Energy Reports，6（4）：107-115.

Kraxner F，Fuss S，Krey V，et al. 2015. The role of bioenergy with carbon capture and storage（BECCS）for climate policy[EB/OL]. https://doi.org/10.1002/9781118991978.hces049[2022-06-25].

Kretschmer B，Narita D，Peterson S. 2009. The economic effects of the EU biofuel target[J]. Energy Economics，31：S285-S294.

Kretschmer B，Peterson S，Ignaciuk A. 2008. Integrating biofuels into the DART model[EB/OL]. https://www.researchgate.net/publication/23779283_Integrating_Biofuels_into_the_DART_Model [2022-06-25].

Larsen L E，Jepsen M R，Frederiksen P. 2013. Scenarios for biofuel demands，biomass production and land use：the case of Denmark[J]. Biomass and Bioenergy，55：27-40.

Lensink S，Londo M. 2010. Assessment of biofuels supporting policies using the BioTrans model[J]. Biomass and Bioenergy，34（2）：218-226.

Li M W，Zhang D，Li C T，et al. 2018. Air quality co-benefits of carbon pricing in China[J]. Nature Climate Change，8（5）：398-403.

Li W，Jia Z J. 2016. The impact of emission trading scheme and the ratio of free quota：a dynamic recursive CGE model in China[J]. Applied Energy，174：1-14.

Liu G，Shen L. 2007. Quantitive appraisal of biomass energy and its geographical distribution in China[J]. Journal of Natural Resources，22（1）：9-19.

Loulou R，Remne U，Kanudia A，et al. 2005. Documentation for the TIMES model[EB/OL]. https://iea-etsap.org/docs/TIMESDoc-Intro.pdf[2022-06-25].

Lu X，Cao L，Wang H K，et al. 2019. Gasification of coal and biomass as a net carbon-negative power source for environment-friendly electricity generation in China[J]. Proceedings of the National Academy of Sciences of the United States of America，116（17）：8206-8213.

Luderer G，Vrontisi Z，Bertram C，et al. 2018. Residual fossil CO_2 emissions in 1.5-2℃ pathways[J]. Nature Climate Change，8（7）：626-633.

Martinsen D，Funk C，Linssen J. 2010. Biomass for transportation fuels：a cost-effective option for the German energy supply?[J]. Energy Policy，38（1）：128-140.

McCollum D L，Zhou W J，Bertram C，et al. 2018. Energy investment needs for fulfilling the Paris agreement and achieving the sustainable development goals[J]. Nature Energy, 3 (7): 589-599.

Minx J C, Lamb W F, Callaghan M W, et al. 2018. Negative emissions: part 1: research landscape and synthesis[J]. Environmental Research Letters, 13 (6): 063001.

Msangi S, Sulser T, Rosegrant M, et al. 2007. Global scenarios for biofuels: impacts and implications for food security and water use[R]. West Lafayette: Purdue University.

Nordhaus W D. 2017. Revisiting the social cost of carbon[J]. Proceedings of the National Academy of Sciences of the United States of America, 114 (7): 1518-1523.

OECD, FAO. 2008. Agricultural outlook[EB/OL]. https://www.oecd-ilibrary.org/agriculture-and-food/oecd-fao-agricultural-outlook-2008_agr_outlook-2008-en[2022-06-25].

Peters G P, Geden O. 2017. Catalysing a political shift from low to negative carbon[J]. Nature Climate Change, 7 (9): 619-621.

Qi T Y, Weng Y Y. 2016. Economic impacts of an international carbon market in achieving the INDC targets[J]. Energy, 109: 886-893.

Qi T Y, Winchester N, Karplus V J, et al. 2016. An analysis of China's climate policy using the China-in-global energy model[J]. Economic Modelling, 52: 650-660.

Qi T Y, Winchester N, Zhang D, et al. 2014. The China-in-global energy model[EB/OL]. https://globalchange.mit.edu/sites/default/files/MITJPSPGC_Rpt262.pdf[2022-06-25].

Reilly J, Paltsev S. 2007. Biomass energy and competition for land[EB/OL]. https://www.researchgate.net/publication/5081768_Biomass_Energy_and_Competition_for_Land[2022-06-25].

Riahi K, Kriegler E, Johnson N, et al. 2015. Locked into Copenhagen pledges: implications of short-term emission targets for the cost and feasibility of long-term climate goals[J]. Technological Forecasting and Social Change, 90: 8-23.

Ross Morrow W, Gallagher K S, Collantes G, et al. 2010. Analysis of policies to reduce oil consumption and greenhouse-gas emissions from the US transportation sector[J]. Energy Policy, 38 (3): 1305-1320.

Smith P, Davis S J, Creutzig F, et al. 2016. Biophysical and economic limits to negative CO_2 emissions[J]. Nature Climate Change, 6 (1): 42-50.

Tian Y S, Zhao L X, Meng H B, et al. 2009. Estimation of un-used land potential for biofuels development in (the) People's Republic of China[J]. Applied Energy, 86: S77-S85.

Wakker A, Egging R, van Thuijl E, et al. 2010. Biofuel and bioenergy implementation scenarios[EB/OL]. https://www.osti.gov/etdeweb/servlets/purl/20727447[2022-06-25].

Walsh M E, de La Torre Ugarte D G, English B C, et al. 2007. Agricultural impacts of biofuels production[J]. Journal of Agricultural and Applied Economics, 39 (2): 365-372.

Welfle A, Thornley P, Röder M. 2020. A review of the role of bioenergy modelling in renewable energy research & policy development[J]. Biomass and Bioenergy, 136: 105542.

Weng Y Y, Zhang D, Lu L L, et al, 2018. A general equilibrium analysis of floor prices for China's national carbon emissions trading system[J]. Climate Policy, 18: 60-70.

West T, Dunphy-Guzman K, Sun A, et al. 2009. Feasibility, economics and environmental impact of producing 90 billion gallons of ethanol per year by 2030[EB/OL]. https://www.researchgate.net/publication/228746063_Feasibility_economics_and_environmental_impact_of_producing_

90_billion_gallons_of_ethanol_per_year_by_2030[2022-06-25].

Wetterlund E, Leduc S, Dotzauer E, et al. 2012. Optimal localisation of biofuel production on a European scale[J]. Energy, 41 (1): 462-472.

Xiao Q Y, Ma Z W, Li S S, et al. 2015. The impact of winter heating on air pollution in China[J]. PLoS One, 10 (1): e0117311.

Xu J, Yuan Z H, Chang S Y. 2018. Long-term cost trajectories for biofuels in China projected to 2050[J]. Energy, 160: 452-465.

Zhang P D, Yang Y L, Tian Y S, et al. 2009. Bioenergy industries development in China: dilemma and solution[J]. Renewable and Sustainable Energy Reviews, 13 (9): 2571-2579.

Zhang Q, Zheng Y X, Tong D, et al. 2019. Drivers of improved PM2.5 air quality in China from 2013 to 2017[J]. Proceedings of the National Academy of Sciences of the United States of America, 116 (49): 24463-24469.

Zhang X H, Qi T Y, Zhang X L. 2015. The impact of climate policy on carbon capture and storage deployment in China[EB/OL]. https://globalchange.mit.edu/sites/default/files/MITJPSPGC_Rpt289. pdf[2022-06-25].

Zhang X L, Karplus V J, Qi T Y, et al. 2016. Carbon emissions in China: how far can new efforts bend the curve?[J]. Energy Economics, 54: 388-395.

Zhao L L, Chang S Y, Wang H L, et al. 2015. Long-term projections of liquid biofuels in China: uncertainties and potential benefits[J]. Energy, 83: 37-54.

Zhao S P, Yu Y, Yin D Y, et al. 2016. Annual and diurnal variations of gaseous and particulate pollutants in 31 provincial capital cities based on in situ air quality monitoring data from China National Environmental Monitoring Center[J]. Environment International, 86: 92-106.

Zhuang D F, Jiang D, Liu L, et al. 2011. Assessment of bioenergy potential on marginal land in China[J]. Renewable and Sustainable Energy Reviews, 15 (2): 1050-1056.